彼得．杜拉克×史賓賽．強森×諾斯古德．帕金

簡單讀懂25本管理學經典

MANAGEMENT

徐博年．李偉　編譯

你聽過帕金森定理嗎？

你聽過宙斯霸權管理文化嗎？

你聽過「鄉村俱樂部」式管理嗎？

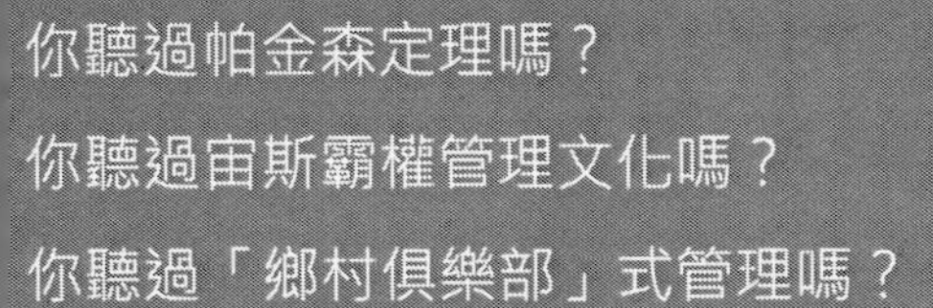

目錄

7 前 言

8 《管理的新模式》倫西斯・利克特

New patterns of management *Rensis Likert*

16 《管理：使命、責任、實務》彼得・杜拉克

Management: Tasks, Responsibilities, Practices *Peter Drucker*

22 《如何選擇領導模式》羅伯特・坦寧鮑姆、華倫・施密特

How to Choose a Leadership Pattern

Robert Tannenbaum and Warren H. Schmidt

32 《經理人員的職能》賈斯特・巴納德

The Functions of the Executive *Chester I. Barnard*

45 《董事》鮑勃・特里克

Directors *Bob Tricker*

52 《追求卓越》托馬・湯姆・彼得斯、羅伯特・沃特曼

In Search of Excellence *Tom Peters and Robert H. Waterman*

63 《經理工作的性質》亨利・明茲伯格

The Nature of Managerial Work *Henry Mintzberg*

目錄

72 《執行》拉里・博西迪、拉姆・查蘭

Execution *Lawrence Bossidy and Ram Charan*

83 《從優秀到卓越》吉姆・柯林斯

Good to Great *Jim Collins*

92 《為未來而競爭》

加里・哈默爾、C.K. 普拉哈拉德

Competing for the Future *Gary Hamel and C.K. Prahalad*

101 《基業長青》吉姆・柯林斯、傑里・波拉斯

Built to Last *Jim Collins and Jerry I. Porras*

115 《管理決策新科學》赫伯特・賽門

The New Science Of Management Decision *Herbert A. Simon*

123 《管理之神》查爾斯・漢迪

Gods of Management *Charles Handy*

132 《科學管理原理》腓德烈・ 溫斯羅・ 泰勒

The Principles of Scientific Management

Frederick Winslow Taylor

139 《動機與人格》亞伯拉罕・哈羅德・馬斯洛

Motivation and Personality *Abraham Maslow*

146 《合作競爭大未來》
尼爾・拉克姆、勞倫斯・傅德曼、索察・魯夫
Getting Partnering Right
Neil Rackham and Larry Friedman and Richard Ruff

153 《管理方格》
羅伯特・R・ 布雷克、簡・穆頓
Synergogy *Robert R. Blake and Jane Mouton*

161 《帕金森定律》諾斯古德・帕金森
Parkinson's law *C. Northcote Parkinson*

171 《人與績效》彼得・杜拉克
People and Performance *Peter Drucker*

183 《讓工作適合管理者》弗雷德・菲德勒
Engineer the job to fit the manager *Fred Fiedler*

191 《誰搬走了我的乳酪？》史賓賽・強森
Who Moved My Cheese? *Spencer Johnson*

200 《再論如何激勵員工》弗雷德里克・赫茲伯格
One More Time: How Do You Motivate Employees?
Frederick Herzberg

207 《一種有效的領導管理》弗雷德・菲德勒
A Theory of Leadership Effectiveness *Fred Fiedler*

221 《工業管理與一般管理》亨利・法約爾
General and industrial management *Henri Fayol*

236 《偉大的組織者》歐尼斯特・戴爾
The great organizers *Ernest Dale*

前 言

當前，人類社會已進入知識經濟時代，生活和實踐的每一個領域每天都在發生著前所未有的快速變化。尤其在管理領域，更是不斷的有著管理創新，從科學管理到行為主義的管理方法，從X理論、Y理論到今天的知識管理、策略管理、品質管理等等，這種變化使得管理領域的知識和模式異彩紛呈、浩瀚無窮。

管理大師們憑著遠見卓識、創造性的思想和鼓舞人心的熱情，塑造了種種管理模式，這些模式使得商業和社會發生了革命性的變化。產業間、領域之間和國家之間的管理思想，在他們的影響下迅速的沉默下去，隨之而來的是更偉大的管理思想，它們帶動著整個世界的經濟步伐，形成強大的促進力量，重塑了我們熟知的經濟世界，並把它推向新的高點。

今天，我們在否定、更新前人思想的基礎上義無反顧的前進——但我們沒有理由遺忘這些大師們的真知灼見。也許，你對這些大師的理論知之頗多，但正所謂「溫故而知新」，更系統、更深刻的了解他們的理論仍然會在認識上帶給你實質的提升。

重溫頂尖管理大師們的光輝思想與經典著作，領悟他們精闢而深邃的智慧，是一個震撼心靈的過程。無論這些大師們的智慧對你來說只是常識還是高深的學習，它們都是管理上的真理之言，是歷史的夜空中時常閃耀的智慧之光，這樣的智慧之光指引了我們的過去，指引著我們的現在，也必將指引我們的未來。

《管理的新模式》倫西斯・利克特

New patterns of management *Rensis Likert*

倫西斯・利克特是美國現代行為科學家。在美國密西根大學取得文學學位之後，到美國哥倫比亞大學攻讀研究生的課程，獲理學博士學位。在第二次世界大戰中，利克特任職於美國聯邦政府，先後擔任過農業部專案調查處長和美國策略轟炸調查局風紀處長，對多學科人員聯合開展調查研究工作的優點深有體會，繼而萌發了組織綜合性社會研究機構的想法。一九四六年十月，以利克特為首的一批研究工作者在密西根大學建立了調查研究中心，他本人任第一屆主任。兩年以後，由於庫爾特・盧因去世，麻省理工學院的群體動力研究中心與調查研究中心合併，成立了密西根大學社會研究所。在利克特的領導下，社會研究所對領導學、組織行為、物質刺激與行為、交流溝通與影響等方面的研究工作有顯著貢獻，在改進研究方法方面亦有許多建樹，成為這一領域有著重要影響的研究機構。利克特的主要貢獻在於領導理論、激勵理論和組織理論等方面。

利克特從事多年領導理論的研究，認為在全部管理工作中對人的領導是最重要且核心的問題。從一九四七年開始，利克特研究小組透過對大量企業員工的調查訪問和長期實驗研究，提出了領導行為的思想類型和與此相關的三項基本概念。這些研究成果後來寫成了《管理的新模式》和《人群組織》兩部著作，他們的研究成果，人們通常稱做「密西根研究」。

一九五〇至一九七〇年代，利克特在擔任密西根大學研究中心主任的任期，與同事一起對企業領導的模式進行了一項被稱為「密西根研究」的工作。《管理的新模式》就是此項研究成果的概括表述。其主要思想是：領導者要考慮下屬員工的處境、想法和希望，支持員工實現其目標，讓員工認識到自己的價值和重要性。

倫西斯·利克特的研究是在對「以人為中心」和「以工作為中心」這兩種領導方式的有效性的比較下進行的。在對一些具有不同生產效率的企業與大量員工的調查之後，他提出，在所有的管理工作中，對人的領導是最重要的，其他工作都取決於它。管理的核心問題是如何領導和管理人，所以造成企業間不同生產率的主要原因是各企業領導人所採用的領導方式不同。生產率高的企業採用的是以員工為中心的領導方式，管理人員強調工作中的人際關係，只進行「一般性的」而不是「嚴密的」監督。結果導致團隊中內聚力強，士氣高，員工中有不安情緒者少，跳槽者少。生產率低的企業採用的是以工作為中心的領導方式，管理人員注意的中心是生產，對工作的技術方面更感興趣，對員工的監督過於嚴密，往往對員工施加不必要的壓力，對瑣碎小事而多加干涉，動輒批評與處罰。結果是團隊的內聚力低，士氣低，員工中有不安情緒者多，跳槽者多，因而生產率也低。

效率高的企業大都採用工作團隊的組織結構方式進行管理，上級主管把下屬員工當作團隊的一員，透過團隊實行領導，尊重團隊的願望和利益，發揮團隊的智慧。調查顯示，在效率高的和成功的企業或組織中，領導者都有個共同之處：經常與員工團隊對問題進行討論，並認真傾聽員工的意見或建議，甚至實行團隊決策。也就是講應該視員工為有人格尊嚴的獨立個人，而不是一種完成任務的工具，考慮問題時不應忽視員工的具體利益，只有這樣才能發揮員工的積極性，給予他們應該受到的尊重。傳統的管理方法是只重視上情下達，而不重視下情上達和雙向交流。通常的做法也是設幾個「意見箱」，或宣布實行「開門政策」，開門政策是指允許員工不經約定能夠隨時求見上級，上級辦公室的大門永遠是開放的。其實，具體的措施不在於多，而在於能否讓員工感到滿意，達到有效溝通的目的，而且保證資訊交流的暢通。事實上，員工的態度對於資訊交流過程很重要，如果下級覺得上級的強制性措施給自己造成了很多的壓力，他們會不自覺的製造資訊溝通的障礙，尤其是不讓上級了解真實情況，同時，好的建議也不會輕易的上報，只是透過發牢騷的方式來表達對管理方式的不滿。而且，出現的敵意、畏懼、不信任態度等都會阻隔資訊的正常流通，或者造成資訊的失真和扭曲。

領導水準的高低在基本上取決於領導方式。利克特根據大量的企業調查研究，總結出了主要四種類型的領導方式，即為四種體制，下面我們加以介紹：

第一，專權獨裁型。這種領導方式的特點是，權力主要集中於最上層，下屬成員沒有任何發言權。上級對下屬缺乏信任，在解決問題時，根本不聽取下屬的意見。上級經常以威脅、懲罰有時也採用獎勵的手段調動下屬，因而下屬對組織目標沒有責任感。組織內部也極少溝通，只有自上而下的單向的資訊流，資訊易受扭曲，因而上級對下屬的問題既不了解，也不理解。人們通常懷有恐懼的心理，因而這類組織中幾乎不存在相互作用和協作。一切決策都由領導人單獨制訂，而不採納下屬的意見，下層人員根本不能參與決策。組織的一切目標都作為命令下達，因而人們表面上接受，背地裡對抗。控制職能集中於上層領導者。機構中如果存在非正式組織，它通常對正式組織的目標是持反對態度的。

第二，溫和獨裁型。這種領導方式的特點是，權力控制在最上層，但也授予中下層部分權力。領導人員對下屬的主僕之間那種信賴關係，採取較謙和的態度，在解決工作問題時，偶爾也能聽取下屬的意見。運用獎勵和有形、無形的懲罰等手段調動下屬，因而下屬對組織目標也幾乎沒有責任感。組織內部較少溝通，並且大體上多屬自上而下單向的資訊流，上級只接受自己想聽到的情報，對下屬有一定的了解。組織內部成員之間也很少互相交往，而且，這種交往也多是在上司屈尊、下屬心有畏懼和戒備的情況下進行的，因而極少形成相互協作的關係。上層領導者決定方針政策，下層組織只能在既定的範圍內進行有限的決策，一般員工都不參與決策，但有時能聽取他們的某些意見。組織目標作為命令下達，下屬有時能陳述意見，因而他們雖然表面上接受，背地裡仍時常存在抗拒的情緒。大部分控制職能集中於上層組織，少部分授予下層組織。機構中雖然存在著非正式組織，但它對正式組織的目標卻不一定全部持反對態度。

第三，協商型。這種領導方式的特點是，上層領導者對下屬有相當程度的信任，但重要問題的決定權仍掌握在自己手中。在工作問題上，上下之間能夠自由的對話，並能採納下屬的意見。運用獎勵，偶爾也運用懲罰手段調動下屬。大部分組織成員，特別是上層人員對組織目標具有責任感。組織內部有適度的溝通，資訊流是雙向的，上級雖然也只接受自己想聽到的情報，但對與此相反的情報也都慎重的聽取，因而他們對下屬的問題有相當的了解。組織內部有適度的來往，並且是在比較信任的情況下進行的，因而形成適度的協作關係。總方針和一般性決策集中於上層組織，下層組織只能對某些特殊問題參與決策，上下之間常有工作上的協商，但一般員工通常不會參與決策。組織目標和實施計畫都是在和下屬協商後才作為命令下達，因而能被下屬所接受，但在背地裡下屬有時也有反抗表現。控制職能適度下放，使上下都能承擔責任。機構中的非正式組織對正式的目標一般採取支援的態度，但有時也會表現出輕微的抗衡。

第四，參與型。這種領導方式的特點是，在一切問題上，上級對下屬都能完全信任，上下之間對工作問題可以自由的交換意見，上級都盡力聽取和採納下屬的意見。以參與決策、經濟報酬、自主的設定目標並自我評價等手段調動下屬，因而組織的各類成員對組織目標都具有真正的責任感，並採取積極的行動促其實現。組織的上下左右之間都有良好的溝通，情報能得到正確的傳遞，上級對下屬的問題都非常了解和理解。組織內部有廣泛而密切的相互交往，並且是在相互高度信賴的情況下進行的，因而通常形成緊密的協作關係。決策過程涉及組織的各個層次，並且透過「連結銷」的方式使之統一起來，由於一切決策都使下屬充分的參與，因而都激勵他們積極的實施決策。績效目標是高標準的，並能為管理部門積極的執行，而且，由於除非遇有特殊情況，這些目標一般都是透過團隊參與的方式制訂的，因而能在各階層組織成員中客觀存在。控制職能廣泛分散，滲透到組織的各個角落。全部參與者都關心有關的資訊，並實行自我監督，而且有時下層的監督甚至比上層更為嚴格。機構中的非正式組織與正式組織結為一體，因而形成所有的社會力量共同致力於組織目標實現的局面。

利克特認為，上述四種類型的領導方式與流行的 X 理論與 Y 理論的假定極為接近。第一種類型的領導方式是注重工作，管理人員具有高度的以工作為中心的意識，是集權獨裁的人物。第二、三種類型的領導方式與第一種有程度差別，但無本質上的不同，都屬於命令式領導。第四種類型的領導方式注重人際關係，管理人員具有高度的以人為中心的意識，性質上是民主的。

利克特認為，對人的激勵形式有四種：(1) 經濟激勵；(2) 安全激勵；(3) 自我激勵；(4) 創造激勵。組織必須不斷的向其成員提供這四種激勵，並逐漸加強，以促進組織成員完成組織目標。參與式管理方式正是按照這種需要建立起來的，所以是一種效率高的管理方式。參與式管理方式包含三個基本概念：

首先，管理人員必須應用支持關係原則，即是領導者要支持下屬，保證每位成員把自己的知識和經驗看成是對自己個人價值和重要性的一種支持，並建立和維持一種個人價值和重要性的感覺。

其次，應用團隊決策和團隊監督。每個下級組織的領導是上一級組織的成員。透過這種上下級之間的連結將整個企業聯結成一個整體。

最後，要給組織樹立高標準的目標。一個組織的領導和每一個成員都要有高標準的志向，樹立高標準的目標。透過這些目標的實現，既達到組織的目標，又滿足組織成員的個人需要。

利克特認為，一個組織的領導形態可以用八個特徵來描述。它們是：領導過程、激勵過程、交流溝通過程、相互作用過程、決策過程、目標設置過程、控制過程和績效目標。將前面的三個基本概念展開，即可描繪出體制四的具體特徵如下：

領導過程：在上下級之間灌輸互給精神，可以無拘束的交換意見，討論問題；激勵過程：透過參與管理，廣泛調動積極性，員工對企業及企業目標抱著積極態度；交流溝通過程：組織內上下左右之間資訊來回暢通，不被歪曲；相互作用過程：做到公開和廣泛，上下級對於各部門的目標、方法和活動都能達到作用；決策過程：各級組織都採取團隊決策方式；目標設置過程：鼓勵團隊參與目標設置，目標要高標準並切合實際；控制過程：滲透到企業各個角落，全部參與者都關心有關資訊，實行自我監督。控制的出發點是解決問題不追究責任；績效目標：目標是高標準的，並為管理部門所積極追求。管理部門透過訓練對企業的人力資源進行開發。

利克特指出，出色的經理人員管理的組織通常具有以下特徵：對組織成員對待工作、組織的目標等方面，上級經理是採取積極合作的態度，他們互相信任並互為一體；組織的領導者採用各種物質和精神獎勵的辦法調動員工的積極性，讓員工認識自我的重要性和價值，同時讓員工有安全感，發揮自己的探索和創新精神；組織中存在一個緊密而有效的社會系統，系統由工作團隊組成，系統內充滿協作、參與、溝通、信任、互相照顧的氣氛和群體意識；對於工作團隊的業績的考核手段主要用於自我導向，不是用於實施監督和控制的工具。在員工的眼裡，出色的領導者和下屬打交道的行為特點是，真正關心下屬，細膩周到，態度友好，隨時準備提供支持和幫助，為公司和員工謀利；完全信任員工的能力、幹勁和誠實；對下屬期待很高，這是一種支持，而非強制或敵意；指導、幫助和教育下屬以幫助他們不斷提高和發展；當下屬遇到困難時或不能勝任的工作時，盡力幫助或重新安排其職位。此外領導者還採用參與式管理等方法來使員工緊密的組織到各個工作團隊中，透過團隊實行領導。

有些出眾的經理人員並不拒絕經典管理理論的各種原則和方法，如時間動作研究，預算和財務控制等。但他們不像那些成績平庸的管理人員，只是把傳統的管理方法當作動用權力實施控制的手段，只知道自上而下的分工、組織、制訂目標和規程，然後用物質刺激和行政命令的兩種手段來施加壓力。優秀經理認為權力型、命令式的管理會引起員工的反感，不能持久有效。他們努力讓員工形成正確和積極的態度，然後把各種經典的傳統的管理方法融合其中，從而更充分的發揮這些管理方法、技術和工具的作用。

高效經理人員大多傾向於參與式管理的原則，並將其運用於確立目標，制訂預算，控制成本，設計組織結構等許多方面。他們創造的新型管理模式最核心的特徵是：將組織轉變成高度協調、高度激勵和合作的社會系統。為了做到這一點，他們最重要的哲理和信念是：領導者應該把下屬和員工當作有血有肉、有獨立人格的人，而不是完成工作任務的勞動力，不是「機器上的齒輪和螺絲釘」。

利克特指出，領導者的職責在於建立整個組織的有效協作。因此，他必須重視作業團隊成員之間的相互作用，使其對整個組織的協作產生良好影響。就一個作業團隊來說，這種相互作用，首先是要使每位成員能在組織的人際關係中真實的感受到尊重和支援，使他從組織的領導方式中最大限度的感受到作為人的尊嚴。而一旦他們得到了這種尊重時，就會形成阿吉利斯所謂的自信心和心理成功感，從而激勵他們努力的去實現組織的目標。

管理人員必須做到，對下層要採取友好的支持的態度。關心他們的需要；信任下屬的能力、誠實、動機等，而不要持懷疑態度；從這種信任感出發，關心下屬的工作，並寄予高度的期望；對下屬的工作經常給予指示；在涉及工作和下屬的利益問題上，要維護他們的要求，促進成員之間的相互溝通，發揮他們的創造力。由於管理人員對其下屬採取信任的態度，反過來又會喚起下屬對他們也採取信任的態度，從而使上下級之間密切合作，共與努力實現組織的目標。這樣看來，利克特所說的相互作用，不僅指組織內的各個成員間，而且指工作人員與管理人員間，即包括了組織內所有縱向的與橫向的相互作用。

利克特的「支持關係理論」可以簡要表述如下：領導以及其他類型的組織工作必須最大限度的保證組織的每位成員都能夠按照自己的背景、價值準則所期望所形成的視角，從自己的親身經歷和體驗中確認組織與其成員之間的關係是支援性的，組織裡每個人都受到重視，都有自己的價值。如果在組織中形成這種「支援關係」，員工的態度就會很積極，各項激勵措施就會充分發揮作用，組織內充滿協作精神，工作效率當然很高。支援關係理論實際上要求讓組織成員都認識到組織擔負著重要使命，每個人的工作對組織來說這些都是不可或缺、意義重大和富有挑戰性的。只有這樣才能使員工感到自己的存在價值，並激發參與感。所謂「支援」是指員工置身於組織的環境中，透過工作交往親自感受和體驗到領導者及各方面的支援和重視，從而認識到自己的價值。這樣的環境就是「支持性」的，這時的領導者和同事也就是「支援性」的。可見，支持關係理論的核心是每個人都希望自己對於組織具有某種價值。這種希望能否得到滿足，主要在於員工在工作中最接近、最熟悉、最尊敬和最需要的那些人能否對員工作出適當的評價。因此，員工所在的工作團隊是他獲得自尊自重的主要源泉；員工大都願意讓自己的行為符合工作團隊的目標和利益。由此可以推論：最有效的發揮人的潛力的管理方式，是把所有員工都組織到一個或多個內聚力強、成績出色、有效運轉和互相協作的工作團隊裡，而不是關門「一對一」的單兵教練、單線聯繫式領導。在優秀組織裡，其成員並不是只作為個體員工發揮的作用，而是作為高效工作團隊的一員發揮作用。領導者應該在組織內建立起這樣的團隊，並透過所謂的「雙重成員身分」把各個工作團隊連接起來，形成組織的有機整體。「雙重成員身分」實質上指他既是某一工作團隊的領導者，同時又充當高一級工作團隊的成員或下屬。除了正常的、固定的工作團隊外，組織裡還可以設置各種長期或臨時的跨部門、跨基層公司的工作委員會或工作組，這些非穩定性的機構也可以依照同樣的原則建成高效工作群體，並透過雙重成員身分與其他穩定性或非穩定性工作團隊聯繫起來，形成一個整體結構。

---

1. 管理的根本任務是將獨立的個人組織起來實現預定的目標，使眾多人的努力集合起來成為一種有組織的力量，這是一個非常古老而又困難、非常重要而又非常矛盾的任務。
2. 高效經理人員大多傾向於參與式管理的原則，並將其應用於確立目標，制訂預算，控制成本，設計組織結構等許多方面。他們創造的新型管理模式最核心的特徵是：將組織轉變為高度協調、高度激勵和合作的社會系統。為了做到這一點，他們最重要的哲理和信念是：領導者應該把下屬和員工當作有血有肉、有獨立人格的人，而不是完成工作任務的勞動力，不是機器上的齒輪和螺絲釘。
3. 優秀經理認為權力型、命令式的管理會引起員工的反感，不能持久有效。他們努力讓員工形成正確和積極的態度，然後把各種經典的傳統的管理方法融合其中，從而更充分的發揮這些管理方法、技術和工具的應用。

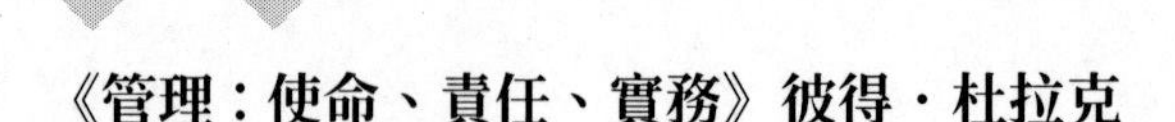

《管理：使命、責任、實務》彼得．杜拉克

Management: Tasks, Responsibilities, Practices

Peter Drucker

在杜拉克所處的時代，二十世紀中葉時期，管理一詞依然沒有一個明確的概念，有人認為管理是一種技巧，有人認為管理是一種手段，眾說紛紜。杜拉克在本書中則指出，管理是一種任務。從這個角度來分析了管理的含義。本書一經出版，立刻在管理學理論界引起了轟動，是公認的杜拉克所寫的最有影響力的一本書，也是經濟主義管理學的一部經典之作，更是管理學發展史上的重要文獻。

本書在內容上淺顯易懂。論述了管理的內容及由內容而決定的管理者的工作內容，進而具體的談了高層管理者的職務內容。本書共由明顯的三個部分組成，各部分逐層深入，組成一個完整的理論結構。

本書對管理進行了探討，但探討的重點不在管理的技巧、工具和方法，而在管理的任務。本書從管理的任務出發，首先從外部來考察管理並研究管理任務的範圍及其各方面的必要條件（第一部），然後在第二部方才轉而討論群組織的工作和管理的技巧，並在第三部討論高層管理及其任務、結構和策略。

杜拉克認為，把管理看作一項任務是因為它有同任務相同的特徵，這些特徵包括，管理者要確保透過有效管理後取得成就，即是說有目標；同時管理者要對組織行為承擔責任。作為一項任務，同樣是由目標和責任構成的。因此，作者表面上把管理闡述為一種任務，實際上是看出了管理者必須要有明確的目標和必須要承擔責任這兩點。

那麼管理的目標有哪些呢？作者把目標分類為三種：對企業來說，要完成組織的任務；對組織成員而言，要激發他們的活力並使之有成就感；對社會而言要承擔組織給社會造成影響的責任。為什麼要首先強調管理的目標呢？因為一個組織的管理者對管理業務的目標是執行管理任務的前提，沒有目標，管理活動就會陷入盲目的狀態，會造成組織在人力、物力、財力方面的損失，產生的作用是消極的。可以說，一個組織如果得不到明確的管理目標，沒受到良好的管理控制，最終是會一事無成的。

在杜拉克看來，企業和一切社會機構都是社會的器官，它們的存在完全是由於能滿足社會的某種需要。而管理則是這些機構的器官，它的存在完全是由於能以自己的職能服務於這些機構。因此，不能把管理看成是獨立存在的東西，而只能把它看成是完成某種任務的手段，為了弄清楚管理是什麼，首先要弄清楚管理的任務是什麼，或者說，必須闡明管理的任務，才能闡明管理。

在對管理的任務進行詳細分析後，作者由這條線索自然延伸到管理者的工作內容。管理者是指在組織裡負責管理工作並承擔責任的人。管理者首先是一個負責人，要對組織的決策、路線負擔責任，要對組織成員的利益實現承擔責任，要對組織對外影響承擔責任。管理者在工作內容上有一個固定的模式，有一些共同之處：目標制訂、職務分工、對外交流、對內控制等等。管理者是組織中職務較高者，他們必須具有良好的管理能力，以適應其工作內容的要求。作者認為在組織裡每個職務的管理者必須做好工作，盡自己能力極限做出最大貢獻，這樣既有利於組織的發展，也有利於管理者自身能力才華的展現和私人目標的實現。管理者也應該具有一定的技術知識和能力，為什麼呢？因為管理者因自身特殊的地位對組織特別是企業的各個部門都有影響。如果管理者對技術部門的一些技術知識不了解而對該部門進行指揮決策，必然會出現錯誤之處，給組織帶來不利的影響。對於企業的一些基本技能，管理者更需要了解甚至掌握。

杜拉克認為，企業是社會的一種器官，社會需要是它得以存在的唯一理由，只是由於社會有了某種需要，才把滿足這種需要的物質生產資源交給了它。因此，「只有為一種商品或一種服務付款的顧客才能使經濟資源轉化成財富，使對象轉化為商品。對於一個企業來說，它本身打算生產什麼並不十分重要，顧客想要什麼，他認為有價值的是什麼，這才是有決定意義的 —— 它決定著什麼是一個企業，它生產些什麼，它是否會興盛起來」。這也就是說，顧客才是企業賴以生存的基礎。

然而，顧客並不是上帝或大自然創造的，而是由企業的活動創造的。雖然在企業生產出某種產品或服務之前，人們已經有了對它的需要，但這始終只是一種潛在的需要，只有當這種產品或服務出現之後，潛在的需要才會變成現實的需要，才會出現它的顧客和市場。而且，在一種產品或服務出現之前，人們可能並沒有感覺到對它的需要，然而經過企業的廣告宣傳及其他促銷活動，就會使人們認識到這種需要，從而創造出顧客和市場。因此，顧客只能由企業的活動創造出來，企業活動的目的就在於創造顧客。

杜拉克認為，按照上述創造顧客的要求，企業必須具備如下兩項基本職能：市場推銷和創新。

市場推銷是企業特有的職能，是企業區別於學校、醫院等所有其他組織的標誌之一。

市場推銷也是企業核心的職能。杜拉克指出儘管市場推銷也需要一套有別於其他活動的獨立活動，但是，不能把它看成一個單獨的職能，把它與製造、人事等其他職能等一起探討，相提並論。而必須把它看作企業全部活動的中心，使企業各個領域的活動都圍繞這個中心進行，都關心市場推銷並為之承擔責任。

企業是經濟成長、擴展和變革的一種特殊器官。因此，企業的第二項職能就是創新，即不斷的向社會提供出與以前不同的經濟滿足。

具體來說，創新首先是指造成一種使人獲得新的滿足的新產品或服務的形式，而不是原有產品或服務的改進。雖然一般來說購買這種創新的產品或服務要花更多的錢，但創新卻可以使經濟更富有活力，而這種效果不是僅僅用產品的價格所能衡量的。其次，創新還可以表現為舊產品找到了新用途。杜拉克舉例說，一個成功的向因紐特人出售了電冰箱以防止食物凍壞的推銷員，也像是發明了一種全新的生產過程或新產品一樣，是一位創新者，因為他為現有產品找到了一個新的市場。雖然從工藝技術上講，它還是原有產品，但從經濟上卻是一種創新。此外，創新還可以理解為使人力和物質資源擁有新的更大的物質生產能力。杜拉克認為，這一點對於發展中國家特別重要。這些國家雖然可以引進工藝技術，但必須進行社會創新，才能使引進的工藝技術發揮作用。在這一點上，日本是最成功的。最後，杜拉克特別指出，創新不是一個技術用語，而是一個社會的經濟的用語。判斷創新的標準不是科學和技術，而是經濟或社會環境中的變革，是消費者、生產者以及社會各階層人們行為的變革。它所創造的不是新的科學知識，而是新的財富或行動的潛力。一個具有創新性的小企業能很快成長起來，一個失去了創新能力的大企業卻必然要失去競爭力，而把它的市占率讓給具有創新能力的小企業。因此，杜拉克斷言：一個不能創新的企業是注定會衰落和滅亡的。

在所有企業中，對於創新也要像市場推銷一樣，不能只看成是個別部門的職能，而必須看成是涉及企業各個部門和各項活動的一項基本職能。同時，創新的重要意義也不僅限於生產企業，它對於商業、保險、銀行及其他各類企業具有同樣的作用。傳統的做法是把產品和服務的創新工作交由一個部門專管，但是，為了使創新有系統、有目的的進行，就必須把它作為整個企業的一項活動，讓企業的每一個部門都承擔起創新的責任，並明確創新的目標，使它們都為企業的創新做出貢獻。

杜拉克認為，作為企業主要管理人員的經理，有兩項別人無法替代的特殊任務。首先，他必須創造一個「生產的統一體」。

為了創造一個「生產的統一體」，經理就要克服企業中所有弱點，並使各種資源、特別是人力資源得到充分的發揮；其次，經理在做出每一項決策和採取每一行動時，要兼顧當前利益和長遠利益。杜拉克認為，每一個經理都有一些共同的、必須執行的職能。這些職能包括：

1. 樹立目標並決定為了達到這些目標做些什麼，並將這些資訊傳遞給有關人員。
2. 進行組織工作，即將工作進行分類，建立相對的組織機構，選拔人員等。

3. 進行鼓勵和聯繫工作，即利用獎金、報酬、升遷等手段來鼓勵人們做好工作，以及透過廣泛的資訊溝通而使企業活動協調統一。
4. 對企業的成果進行分析，確定標準，並對企業所有人員的工作進行評價。
5. 使員工得到成長發展，即經理透過目標管理方式，使員工便於發展自己的才能。

杜拉克認為，管理人員的管理技能包括下列四項：做出有效的決策；在組織內部和外部進行資訊交流；正確運用核查、控制與衡量；正確運用分析工具即為管理科學，雖然沒有一個管理人員能掌握所有這些技能，但是每個管理人員都必須了解這些基本的管理技術。

最後作者談到了高層管理者的職務內容。這一部分內容是上述理論的具體化。在組織的管理層中，有些工作的任務和責任只有高層管理者才能承擔並完成。這些工作具有自身的特點，其重要性要高於其他任何工作，甚至是關係到組織生存的重要工作。比如制訂組織的策略目標，發展進程，又比如組織內部結構的改革等等，這些問題不是組織中每個人可以完成的，在組織管理者中，也不是每位管理者都可勝任的，因此只有具有組織才能的領導者才能承擔這些任務的責任。有些策略計畫對某些組織是合適的，而對另一些組織來說並不合適，作為組織的高層管理者，也需要具有辨別分析能力。高層管理並不是一個人所能承擔的。不僅僅在責任上不是一個人可以負擔的，更重要的是一個人不容易做出正確的決策，需要由幾個人構成一個領導層來共同執行共同承擔責任。還有一個原因是不同的人有不同的個性和特點。幾個人組合在一起，可以滿足不同方向的不同人才需求。這個領導團隊要相互尊重，共同致力於組織的發展。

綜合上述簡介，本書的線索就更明顯。本書的寫作路線是從理論到實踐，從普遍到特殊這兩條軌跡。本書的三大主題也更明朗，在這三大主題中，管理的任務是本書的重中之重，作者花費了大量篇幅，後面對管理者的工作內容和高層管理者的工作內容也做了較為詳細的介紹。

1. 科學管理不過是一種節約勞動的手段。也就是說，科學管理是能使工人取得比現在高得多的效率的一種適應的、正確的手段而已。
2. 管理必須使個人、國家和社會的價值觀、志向和傳統為了一個共同的生產目的而成為生產性的。
3. 在對人員的管理中，最後一個因素，但也許是最重要的一個因素是指把人員安排在能使他們的力量成為富有活力的地方。
4. 明確的標誌和組織的原則應該是職能而不是權力。
5. 即使是最強大的企業也必須聽命於環境，有可能被環境毫無顧忌的消滅掉。但是，即使是最微弱的企業，也不僅只能適應環境，而且還可能影響和壟斷經濟和社會。

《如何選擇領導模式》羅伯特・坦寧鮑姆、華倫・施密特

How to Choose a Leadership Pattern

Robert Tannenbaum and Warren H. Schmidt

羅伯特・坦寧鮑姆畢業於美國芝加哥大學，獲得博士學位，長期在洛杉磯加利福尼亞大學工商管理學院執教，擔任人才系統開發教授，並為美國及其他國家的企業進行範圍廣泛的諮詢顧問工作。

坦寧鮑姆除在領導理論方面提出富有創意的連續場分析方法外，還在敏感性訓練和組織發展方面進行了卓有成效的研究工作。他發表過許多論文並與人合作在一九六七年出版了《領導者組織：一種行為科學的方法》。

沃倫・施密特與坦寧鮑姆在洛杉磯加利福尼亞大學共事二十多年，後來轉到南加州大學任行政管理學教授。他擔任許多國營和私人企業的諮詢顧問，在各種學術刊物上發表過許多文章，並於一九七〇年出版了《組織的新領域與人類價值觀》一書。施密特在管理學理論和實踐的發展過程中，對領導問題的研究歷來占有十分重要和突出的地位。

羅伯特・坦寧鮑姆和沃倫・施密特從領導模式的分類和選擇方面進行研究，在一九五八年三月至四月的哈佛商業評論上合作發表的《如何選擇領導模式》一文，首次運用「領導模式連續分布場」的形式，以領導者（經理）運用職權的程度和下屬享有自主權的程度為基本特徵變數，排列和描述了多種不同類型的領導

模式，並分析了影響領導方式的主、客觀因素和選擇領導模式的方法。

每個企業經理或在其他組織中擔負著領導責任的人，對於如何實施領導差不多都有一套自己的想法。有的領導者認為：大部分工作問題都應由下級自己去找到答案並據以實際情況採取行動，領導者的作用只是像催化劑一樣促進工作的發展，並對下屬的想法和感覺做出適當的反應，以讓他們更好的理解自身、環境和任務。有的領導者則認為：由一個人獨自做出牽涉到眾人的決定是愚蠢的，領導者首先必須廣泛徵詢下屬的意見，同時又必須明白無誤的保留最後拍板的權力等等。對於上述每一種想法，都可以找到大量事實和理論根據來證明其合理性，但它們又互相矛盾，使人無所適從。

事實上，當代的經理們經常的陷入這類矛盾之中，困擾他們的核心問題是：如何在處理與下屬的關係中表現出「民主」作風，同時又維持必要的控制和權威。半個多世紀以前，人們還沒有如此尖銳的感覺到這一問題的緊迫性。事實上，在坦寧鮑姆和施密特一九五八年發表這篇論文時，標題便列有這樣的一句問話作為副題：領導者在與下屬打交道時應該民主的還是專制的，或者在二者之間的什麼地方？那時候，成功的經理在人們心目中幾乎永遠是聰明、富於想像力和主動的，能迅速做出決策，並能鼓舞起下屬的熱情和幹勁。因此，世界上似乎只有兩類人：「領導者」和「被領導者」。

透過「訓練實驗」的做法促進群體的形成和發展一度非常流行，其目的主要是讓參加者體會到員工自己設定工作目標和參與決策有何效果。許多接觸過這種訓練的人把有效的領導行為歸納為「民主」方式，並在自己的組織中加以運用。於是，領導者被劃分為「民主」的和「獨裁」的兩種，其根源則歸結為領導者個人的偏好和性格。

在這樣的壓力之下，經理們不免時時陷於困境：一方面他們覺得必須發揚民主，得到整個群體或整個組織的幫助，另一方面他們又確實感到自己必須看得更全面、更深入、更長遠。這時候往往很難區分真正的群體參與同領導者為了推卸責任而走走「民主」的形式。

坦寧鮑姆和施密特指出，應當分析研究一系列（而不只是兩種）領導行為的模式，研究選擇領導模式時需要考慮哪些影響因素，以及長遠目標與當前需要如何平衡等。

坦寧鮑姆和施密特在此提出了「領導模式連續分布場」的概念。他們按照領導者運用職權的程度和下屬享有自主權的程度，把領導模式看作一個連續變化的分布帶，以高度專權、嚴密控制為其左端，以高度放手、間接控制為其右端。即使是最專權的領導，也不能不讓下屬保持一點自由度。坦寧鮑姆和施密特從高度專權的左端到高度放手的右端，劃分出七種具有代表性的典型領導模式加以描述，它們分別是：

1. 經理做出決策後向下屬宣布

這種領導方式的特點是由經理識別和確認問題或任務，設想出各種可供選擇的方案，並擇定其中之一，然後向下屬宣布自己的決定以便實施。至於下屬對他們的決策有何想法和感覺，領導者可以有所考慮，也可以完全不予考慮。但有一點是確定的：他們絕不允許下屬直接參與決策。在決策實施的過程中，他們還可能採取或暗示要採取強制措施，當然他們也可能不這樣做。

2. 經理向下屬「兜售」自己的決策

與前一種模式類似，這裡仍由領導者確定工作任務（問題）和做出決策。但領導者不是用強迫命令的方法而是用說服的辦法讓下屬接受其決定。這樣做的原因是一項決策往往牽涉到許多人、許多方面，其中有些人可能持反對態度，應當盡量減少這種阻力。辦法之一便是指明該項決策會給員工帶來哪些益處。

3. 經理向下屬報告自己的決策，歡迎提出問題

這種領導模式仍然是由經理做出決策，但他們希望下屬能夠充分理解自己的思想和意圖，所以邀請員工們提出問題，由他們加以解釋，以利大家接受。在這一過程中，經理們還可以與下級一起深入探討某項決策的作用和影響。

4. 經理做出初步決策，允許下屬提出修改意見

這種領導方式允許下級人員對決策發揮一些影響，但識別和判定問題的主動權仍掌握在上級手裡。在與下級見面的時候，領導者已經徹底分析過該問題並做出了決策 —— 但只是一個初步的決策。他將自己建議的解決方案和計畫提交下屬徵詢意見，歡迎和讚賞下屬坦率直言，但最終做出決定的權力仍牢牢掌握在他手裡。

5. 經理提出問題，聽取下屬意見，然後做出決策

這種領導模式是經理做出決策前先請大家提出意見。經理的責任是識別問題，確定任務，然後請員工們共同分析問題的根源和解決辦法。員工們可以運用自己的實際工作經驗和知識提出更多可供選擇的方案，使經理有更大的選擇餘地。當然，最後的選擇和決策仍然要由領導者做出。

6. 經理確定界限和要求，由下屬群體做出決策

領導模式演變到這一點，決策權已由上級經理個人手中轉移到下屬和團隊手中了。但是，待決問題或任務的範圍及決策必須遵循的原則、先決條件和限度需由領導者事先明確劃定。

7. 經理授權下屬在一定範圍內自己識別問題和進行決策

這是一種最大限度的群體自由，在正式的組織裡很少遇到這種情形，但是科學研究公司等常常採用這種模式。例如：下級管理人員和工程技術人員組成的團隊自己確定課題，自己制訂各種可供選擇的方案，自己做出決策。上級主管者只是事先確定一些界限。他如果親自參與決策，也是以團隊中一員的身分，與別人平等，不享有特殊權力。此外，領導者還要事先做出承諾，對於下屬在規定範圍內自主做出的決策，他一定幫助實施。

經理與下屬 —— 作為群體或者作為個人 —— 之間的關係有多種可供選擇的模式。在該「連續分布場」的左邊，重點是放在經理、領導者、上級身上 —— 領導者興趣何在，他怎樣看待各種事物，他感覺如何。當行為點逐漸移向右邊

時，天平就越來越偏向下屬一邊了 —— 員工們興趣何在，他們怎樣看待各種事物，他們感覺如何。

從這樣的角度出發去看企業的領導模式會引發許多問題，其中最重要的是下列四個：

1. 領導者應不應該透過授權他人來規避自己理當承擔的責任

領導必須對下屬做出的決策負責，儘管在做出該項決策時依據的是團隊意見。領導者向下級授權（下放決策權）時必須準備好承擔可能由此而產生的一切風險。授權絕不是為了推卸責任。此外，任何一級經理授予下級的自主權都不能超越上級授予他自己的職權範圍，這樣他才能在必要時站出來承擔責任。

2. 領導者在授權下級後還應不應該參與決策

在引導下屬作為群體或個人進入決策過程之前，領導者必須仔細考慮好這一問題。他首先要弄清自己繼續參與是否有利於解決問題。有些情況下，領導者最好完全放手，不要在授權之後再去干預。但是一般來說，領導者或上級經理總可以對決策有所貢獻，所以不必故意繞著走。只是這時領導者最好只起一名普通「成員」的作用。

3. 應不應該讓下屬明確了解領導者採用何種領導模式

坦寧鮑姆和施密特認為完全應該。如果領導者不解釋清楚自己打算如何運用手中的權力，上下級關係往往會出現許多問題。例如：領導者實際上要自己做出決策，但又讓下屬誤解為他已經將決策權下放，結果勢必引起混亂、困惑和不滿。又如，領導者表面上十分「民主」，實際上心中早已有既定主張，只不過希望大家把它當作共同的決策接受下來而已，就是所謂「讓他們覺得這似乎本來就是他們自己的想法」，這同樣是十分危險的。極其重要的是，經理人員和領導者必須十分誠實，有勇氣說清楚哪些權力是他想留給自己的，並要求下屬達到什麼樣的作用。

4. 應不應該用授權下屬做出決策的次數來判斷領導者是否「民主」

答案是否定的。決策的數量並不能反映下屬的自主權或自由度。更重要的是授權下屬做出的決策的性質和影響範圍。決定辦公桌放在什麼地方與決定採用何種電子資料處理系統顯然是完全不同的兩類問題。

另外，領導者希望採用何種領導方式進行領導，以及何種領導方式實際可行呢？對於管理者來說，這實際上也就是決定自己應當如何進行管理。做出這樣的抉擇需要考慮三方面的因素：領導者方面，下屬方面和環境方面。

首先，領導者方面的影響因素。每位領導者都要根據自己的經歷和知識來看待領導工作，所以領導者的個性、觀點、態度和情感必然會影響其領導行為。

1. 領導者的價值觀念。他在多大程度上感到每位獨立的個人都有權參與那些影響到自己的決策，或者，他在多大程度上認為一個領導者應當單獨承擔一切決策的重負，領導者認為什麼更重要，是組織效率、下屬和員工的個人發展，還是公司利潤。對這幾個問題的回答將影響到領導者的行為，同時，也就決定了他的領導方式處於連續分布場的哪一點上。
2. 領導者對下屬的信任程度。在多大程度上信任別人，不同的經理差別很大。這表現在對待下屬的態度上。經理們首先要評價下屬的知識和能力，然後才能決定信任誰，信任到何種程度。一般來講，經理們總是更相信自己的能力而不是別人的能力，雖然他們這樣看並不總是符合實際的。
3. 領導者對領導方式的偏好和傾向。有些經理更習慣於實施強有力的指揮，他們很善於做出決定和發出命令。另一些經理則習慣於充當團隊中的一員，遇事喜歡和下屬分享權力。
4. 領導者在不確定性的環境當中，對安全感的需要。經理一旦放棄對決策的直接控制，最終結果的可遠見就降低了，事情往往就變得「模糊」和不那麼「透明」。有些經理要求有較高的可遠見和穩定性，不大能容忍這種「模糊」性，這就必然影響到他處理問題的方式。

經理們及其他領導者的行為總會自覺或不自覺的受到上述種種個人因素的影響，如果他們清楚的認識到這一點，便能工作得更有效率一些。

第二，下屬方面的影響因素。企業員工和經理一樣，其行為也要受到個人因素的影響。而且他們每個人對於上級應該如何行事和對待自己也都各有一套想法，亦即有所「期待」。經理對影響員工行為的因素理解得越深刻，就越能調整自己的行為方式使下屬更有效的工作。

一般來講，在下屬員工具備下列各項條件的情況下，領導者可以允許他們享有較大的自主權和自由度。

1. 他們主動要求有比較多的獨立性（有些員工喜歡別人指揮，有些人不喜歡）。
2. 他們準備好承擔決策的責任（有些員工把多承擔責任看作是對他的能力的承認和讚賞，有些人把這看作是別人在推卸責任）。
3. 他們相對來說比較能夠接受模糊性（有些員工希望上級下達明確具體的指示，有些人喜歡有較大的行動自由）。
4. 他們對工作任務或問題本身有興趣並認識到其重要性。
5. 他們理解並且完全贊同整個組織的總體目標。
6. 他們具備解決問題或完成任務所必須具備的充分的知識和經驗。
7. 他們已經習慣於下級參與決策的想法和做法（一向習慣於上級實行強硬有力的領導和指揮的人，如果突然被要求充分參與決策，這時，他們會覺得不知所措；與此相反，歷來享有很大自主權的人如果突然遇上一位大權獨攬的上司會覺得難過和失望）。

如上述這些條件都不存在，經理也許就要考慮更多的運用職權來指揮下屬，甚至有時只好唱「獨角戲」，因為其他選擇都不實際。

下屬方面的這些因素和條件與他們對上級的看法也有關。如果員工信賴上級主管，領導者制訂決策的時候不用擔心下屬會指責他「獨裁」，召集會議徵詢意見的時候不用擔心別人會指責他「規避責任」。雙方的相互信任可以使整個上下級關係變得靈活得多。

第三，環境方面的影響因素。

1. **組織的類型和性質**。和獨立的個人一樣，組織也有自己的價值準則和傳統。它們不可避免的會影響到組織成員的行為。一個新來的人很快就會發現，在這個組織裡有些行為是大家普遍接受的，有些行為則是不適宜的。這些價值準則和傳統透過許多方式表現出來和傳播開來，像是職位職務責任，政策聲明，高層經理講話等等。比方有的企業認為好的經理應該勁頭十足，富於想像力，有決斷能力並善於指揮別人；而另一些企業則強調經理人員應處理好人際關係。

2. **群體效能**。在向下放權力之前，經理必須先考慮好團隊能否有效的在一起共同工作。一個合作多年的群體比一個剛剛形成的群體更能有成效的運轉。群體成員對於他們作為一個整體所具有的能力是否有信心，群體的內聚力，成員之間互相接受和容納的程度，以及目標的一致性，也會對群體的效能產生強有力的影響。

3. **工作任務或問題本身的性質**。能在多大程度上授權員工參與決策，首先取決於員工有無解決某項問題的知識和能力，所以必須弄清楚問題本身的性質。在迅速成長的大企業裡，有待解決的問題往往十分複雜，需要各方面的專業知識，所以經理人員可能比較樂於徵詢他人的意見。但也可能出現相反的情形：正因為問題十分複雜，有些經理人員反而寧肯自己經過透澈的思考後單獨進行決策，也不願耗費大量時間和精力向他人介紹與該問題有關的種種背景情況和紛繁的資料。

4. **時間壓力**。時間的壓力對經理們來說是最嚴重的制約條件之一。雖然有時不過是當事人盲目著急而已。在經理覺得必須立即做出決策的時候，往往很難讓別人參與。那些經常處於「危機」和「緊急狀態」的組織一般都不習慣於向下級授權。

坦寧鮑姆和施密特指出，在經理們忙於對付日常業務工作和問題的時候，他們選擇領導模式的餘地是相當有限的。因為他們必然受到上述這三方面影響因素和條件的制約，而他們無力在短期內改變這些條件。但是，從長遠來看，經理由戰術設計轉向策略思考時，他們就可以在某種程度上跳開上述種種現存因素的制約了。例如：在一個比較長的時期內，他本人可以去學習新的知識和技能以改變自身的條件，他可以為下屬提供培訓以改變員工的條件等等。

在這樣做的時候，經理仍然面對一個挑戰性的問題：他應該如何確定自己在領導模式連續分布場中的位置？答案在基本上取決於他的目標。一般來說，當經理們在考慮長遠發展時多半都會對下述目標感興趣：

1. 提高員工的激勵水準。2. 使員工更樂於接受變革。3. 改進各級經理人員的決策品質。4. 增強合作共事的團隊主義精神和提高士氣。5. 促進員工的個人發展。

一段時間以來，鼓吹這些長期目標的主張到處氾濫，幾乎使得經理人員感到無所適從和厭倦，但是確有事實證明，適當提高下屬地位的領導方式有助於實現這些長期目標。當然，這並不意味著經理人員必須把所有決策權都放下去。授給下屬和員工過多的自主權和自由度反而會引起焦慮和擔憂，不利於達到原定目標。但是，這一個考慮不應該妨礙經理用逐步擴大自主權和自由度的辦法向自己的下屬不斷提出新的挑戰。

透過以上的討論，坦寧鮑姆和施密特指出有兩點是值得特別注意的。

第一，一個成功的領導者必須敏銳的認識到在某一特定時刻影響他們行動的種種因素，準確的理解他自己、他領導的群體和每一個人，以及組織（企業）環境和社會環境。

第二點，一個成功的領導者必須根據上述理解和認識確定自己的行為方式。如果需要發號施令，他便能發號施令；如果需要員工參與和享有自主權，他便能提供這種機會。

因此，不能把成功的經理簡單的歸結為強硬的領導者或放任的領導者。他們的共同特點應當是：在多數情況下能夠準確的估量各種影響因素和條件，並據以確定自己的領導方式和採取相對的實際行動。

---

1. 不能把成功的經理簡單的歸結為強硬的領導者或放任的領導者。他們的共同特點應當是：在多數情況下能夠準確的估量各種影響因素和條

件，並據以確定自己的領導方式和採取相對的實際行動。

2. 領導必須對下屬做出的決策負責，儘管在做出該項決策時依據的是團隊意見。領導者向下級授權（下放決策權）時必須準備好承擔可能由此而產生的一切風險。授權絕不是為了推卸責任。
3. 如果領導者不解釋清楚自己打算如何運用手中的權力，上下級關係往往會出現許多問題。
4. 在多大程度上信任別人，不同的經理差別很大。這一點顯然會表現在對待下屬的態度上。經理們首先要評價下屬的知識和能力，然後才能決定信任誰，信任到何種程度。一般來講，經理們總是更相信自己的能力而不是別人的能力，雖然他們這樣看並不總是符合實際的。
5. 在經理覺得必須立即做出決策的時候，往往很難讓別人參與。那些經常處於「危機」和「緊狀態」的組織一般都不習慣於向下級授權。

《經理人員的職能》賈斯特・巴納德

The Functions of the Executive　　　　*Chester I. Barnard*

賈斯特・巴納德，是西方現代管理理論中社會系統學派的創始人。西元一八八六年出生於美國的麻薩諸塞州，一九〇六年至一九〇九年間，巴納德靠著克勤克儉讀完了哈佛大學的經濟學課程，然而因為缺少實驗學科課程學分而未獲得學位。後來由於他在研究企業組織的性質和理論方面做出了傑出的貢獻，得到過七個名譽博士學位。巴納德於一九〇九年進入美國電話電報公司工作，一九二七年起擔任紐澤西貝爾電話公司總經理，一直到退休。

巴納德在美國 AT & T 公司的職業生涯中，前十年擔任參謀人員職務，以後長期擔任直線人員的領導職務，這兩方面的經驗對他以後創立社會系統學派的理論提供了很大的幫助。在漫長的工作實踐中，巴納德累積了豐富的企業組織經營管理經驗。巴納德的主要貢獻是建立和發展現代管理科學。

在管理學方面的主要貢獻是，把組織看作是一個社會系統，這個系統要求人們之間進行合作。巴納德的思想在古典管理觀點和人力資源觀點之間架起了橋梁。他在一九三八年出版的《經理人員的職能》一書，被譽為美國現代管理科學的經典性著作。這本書連同他十年後寫成的另一部重要著作《組織與管理》，是巴納德管理學理論的代表作。巴納德的這些著作為建立和發展現代管理科學做出了重要貢獻，也使他獨樹一幟的成為社會系統學派的創始人。

《經理人員的職能》是一本不太容易讀懂但卻非常引人入勝的書。這本書成為巴納德的成名之作絕非偶然，因為這實際上是他畢生從事企業管理工作的經驗總結。

在《經理人員的職能》一書中，巴納德認為，經理人員在組織中的作用，就是資訊溝通系統中作為相互聯繫的中心，並透過資訊溝通來協調組織成員的協作活動，以保證組織的正常運轉，實現組織的共同目標。

巴納德非常重視組織的作用。他對組織下的定義是：組織是一個協作的系統。這個定義適用於軍事的、宗教的、學術的、企業的等多種類型的組織。巴納德在這裡指的是「正式的組織」。他認為透過對正式組織進行考察，可以達到三個基本目標：(1) 在一個經常變動的環境中，透過對一個組織內部物質、生物、社會等各種因素的複雜性質的平衡來保證組織的生存和發展；(2) 檢驗必須適應各種外部力量；(3) 對管理和控制正式組織的各級經理人員的職能予以分析。應該著重指出的是，巴納德在一九三〇年代末期提出的關於一個組織的生存和發展有賴於組織內部平衡和外部適應的思想是具有獨創性的。

巴納德指出，一個協作系統是由許多個人組成的。但個人只有在一定的相互作用的社會關係之下，與其他人協作才能發揮作用，個人對於是否參加某一個協作系統（即組織）可以做出選擇。他們的這種選擇是以個人的目標、願望、推動力為依據的。這些就是「動機」。而組織則透過其影響和控制的職能來協調和改變個人的行為和動機。但是，這種協調和改變並不總是能夠獲得成功，組織和個人的目標也不一定總是能夠得到實現。

巴納德認為，人都具有個人的自由意志，都具有選擇力和決策力，因而能採取某種合乎目的的行為，並透過他的行為表現出他的個性。但是，他同時指出，由於人經常受到物理的、生物的、社會的諸方面環境力量的制約，因此選擇的範圍是十分狹窄的。不過，只要人們沿著一定的方向持續的選擇下去，最終也能在基本上改變這些與人相關的環境因素。當個人要克服制約其達成目的的物理的、生物的、社會的諸方面環境因素時，就會產生協作的要求，這時，協作就成了個人克服制約因素的手段。

事實上，這種協作現象隨處可見，例如企業、學校、服務團隊等。巴納德把這些具體協作現象的差異加以抽象，提出了協作系統這個統一的概念。他指出，所謂協作系統是指為了至少是一個共同的目的，透過多數人進行協作而形成的具有特殊系統關係的物理的、生物的、個人的、社會的要素的複合體。因此，協作系統是由物理系統、生物系統、人的系統以及組織系統等分系統構成的系統。

企業也是協作系統。企業這個協作系統是由物理系統、人的系統、社會系統和組織系統等四個分系統構成的。企業的物理系統是指機器設備、工具、原材料等生產的物質條件，因而也可以說是企業的生產系統；人的分系統是指由管理人員、技術人員、工人等組成的人的集團，他們向協作系統做出貢獻，並接受誘因；社會分系統在這裡有其特殊的含義，是指企業與外部環境相互交換效用的系統，如產品的銷售和原材料採購等，因而也可以說是企業的交換系統；而服務於同一目的的便是組織系統。因此，在整個協作系統中，組織分系統處於核心的地位，透過組織分系統的作用，使物理分系統不斷的生產和改變物質效用；使個人的活動得到協調，從而能按照組織目的做出自己的貢獻，並由此而得到相對的報酬；使社會分系統與外部環境有效的聯繫起來，以便交換效用，實現產品的價值。

巴納德認為，「衡量一個協作系統效率的唯一尺度就是它生存的能力」，而「生存的能力」指的是為其成員提供使他們的個人動機得以滿足的誘因，以使組織目標得以實現的能力。換言之，正式組織必須對有貢獻的成員盡量滿足其要求，以便更新自己的力量並抵消對組織的離心力，如果做不到這一點，組織就難以繼續生存下去。這是巴納德組織理論的一條普遍原則，它把正式組織的要求與社會——人群系統的需求聯結起來，因此被後來的大多數組織理論家所承認，並作為管理思想上的一個里程碑，一直為人們所沿用。

在巴納德筆下，組織是一個具有廣泛含義的定義，是「有意識的加以協調的兩個以上的人的活動的系統」，它適用於軍事的、宗教的、學術性的、工商業的各種形式的組織。各種組織之間的差異僅在於物質環境和社會環境的不同，以及人員的數量和構成不同等等。每個組織都是一個系統，都應作為一個整體來對待，因為其中每一部分都同其他部分相聯繫。巴納德認為，作為一個系統，不論是哪一個級別的，全都包含著三種普遍的要素，即是協作的意願、共同的目標和資訊交流。

協作的意願是所有組織不可缺少的第一項普遍要素，其含義是自我克制、交付出個人行為的控制權以及個人行為的非個人化。組織是由人組成的，但真正組成一個協作系統的組織的，不是人，而是人的服務、動作、活動和影響，所以人們向協作系統提供勞務的意願是必不可少的。對於個人來說，協作意願就是參加這一系統的「個人願意和個人不願意」的綜合結果；對於組織來說，是它「提供的客觀誘因和所加負擔」的綜合結果，因為個人參加這一系統而不參加其他的系統，就是做出了一些犧牲，組織必須在物質方面和社會方面提供適當的誘因來彌補個人的這種犧牲，即是提供客觀的刺激和透過說服來改變個人的主觀態度。客觀的刺激可以是物質的（如金錢），也可以是非物質的（如地位、權力等），也可以是社會性的（和諧的環境、參與決策等）；透過說服來改變個人態度是一種主觀的刺激方法，它企圖透過教導、例子、建議等來制約個人的動機。同時，用來培育協作精神的不是靠強制，而是透過思想上的反覆灌輸，即是號召忠誠、團結精神和對組織目標的信仰等。

共同的目標是協作系統的第二個普遍要素，是協作意願的必然推論。如果組織成員不了解協作目的和協作的結果，就不可能誘導出協作意願來。同時，一個目標，除非被組織成員所接受，否則是不會導致良好的協作活動的。所以，對組織目標的接受幾乎是和協作意願同時發生的。

組織成員對組織的共同目標的理解，有協作性的理解和個人性的理解的區別。前者是指組織成員脫離了個人立場而站在組織整體利益的立場上客觀的理解組織的共同目標；後者則是站在個人立場上主觀的理解組織的共同目標。這兩種理解常常會發生矛盾。在組織的共同目標比較單純、具體時，發生矛盾的機會較小，反之則較大。所以，組織中經理人員的重要任務就是要克服組織目標和個人目標的背離，以克服對共同目標的協作性理解和個人性的理解矛盾。

一個目標只有在協作系統的成員並不認為他們之間的理解有嚴重分歧時，

才能作為系統的一個因素。只有當系統的提供貢獻者相信共同目標是組織的堅定目標時，這個目標才能成為協作系統的基礎。經理人員的職能之一就是向組織成員灌輸共同目標存在的信念，進行鼓舞士氣的教育工作，並努力的使組織成員感到，透過組織目標的實現，他們可以獲得個人的滿足。

資訊交流是所有活動的依據。上述兩個基本要素只有透過資訊交流把它們溝通起來，才能成為動態的過程。巴納德制訂了一些原則：

1. 資訊交流的管道要為組織成員所了解，最重要的是要使資訊聯繫的管道習慣化，並盡可能使之固定化。重點或者是放在職位上，或者是放在人上，而更多強調的是職位而不是人。
2. 要求對每一個組織的每一個成員都有一個資訊聯繫的明確的正式管道，即每一個成員都必須有一個上級並向其報告工作，每一個人必須同組織有明確的正式關係。
3. 建立的正式資訊交流的線路必須盡可能的直接和簡潔，減少層次，以加快資訊交流的速度，並減少由於多管道傳遞而造成的錯誤。
4. 在資訊傳遞時，應利用完整的資訊交流路線的每一個層次。這是因為，如果在傳遞過程中跳過某些層次，就可能產生互相衝突的資訊；同時也不利於維護每一層次的權威和職責。
5. 作為資訊聯繫中心的各級管理人員必須稱職。這就要求管理人員具有有關技術、人事和非正式組織方面的能力，了解輔助機構的性質和狀況，掌握和目標有關的行動原則，對環境因素做出解釋，以及區別資訊是否具有權威性。
6. 當組織在執行職能時，資訊交流的路線不能中斷。許多組織在任職者不能行使職權或缺勤時，都規定自動的臨時代理職務的辦法。
7. 每一個資訊都必須具有權威性，即從事資訊交流的人必須是公認的實際上占據著有關「權力位置」的人；這個位置發出在其許可權範圍之內的資訊；這個資訊是由更上一層機構授權才發出的。在這方面，職務具有十分重要的作用。為了使大家都知道誰擔任了什麼職務以及這個職務包含一些什麼職權，必須採取諸如授權儀式、就職典禮、宣誓就職、任職命令、到任、介紹等形式，以造成一種「組織感」。

對正式組織中這三項基本要素的確定，導致巴納德去探求非正式組織的普遍原則。巴納德將非正式組織定義為不屬於正式組織的一部分，且不與它管轄的個人以及有關的人們、集團接觸和相互作用。非正式組織沒有正式的結構，而且常常不能明確認識到共同的目的。它的習慣、規範和情感因素，是透過相同工作有關的接觸而產生的。巴納德認為，非正式組織可能對正式組織起某些不利的影響，但它對於正式組織至少達到三種積極作用：第一，資訊交流；第二，透過對協作意願的調節，維持正式組織內部的團結；第三，維護個人品德和個人的自尊心。非正式組織常常為正式組織創造條件，成為正式組織不可缺少的部分，其活動能使正式組織更有效率。

巴納德認為，經理人員的作用就是在一個正式組織中充任系統運轉的中心，並對組織成員的活動進行協調，指導組織的運轉，實現組織的目標。據此，他認為經理人員的主要職能有以下幾個方面：

(一) 建立和維持一個資訊交流暢通的系統

巴納德認為，管理的資訊系統猶如人體的神經系統。要使身體能有效的適應環境，就需要神經系統下達指令，對身體的各個部分進行管理。同樣，要使組織的各個部分能在統一的指揮下開展活動，以達到組織的共同目的，就必須建立有效的資訊系統。管理者處於各級組織的資訊中心地位，借助資訊系統進行指揮，協調組織成員的活動，以達到組織的目標。因此，資訊系統實際就是管理系統或指揮命令系統。

構成資訊系統的主要因素，一是組織系統或組織結構；二是處於各級資訊中心地位的管理者。這兩個因素相互補充，缺一不可。不確定組織結構和管理職位，管理者就無從發揮作用；然而沒有管理者，組織結構也是空的，而如果職位出現空缺，形成組織的「真空地帶」，則不僅這部分「神經」會壞死，而且會影響到整個神經系統。因此，建立和維持組織的資訊系統應包括設計組織結構、配備人員和管理者與非正式組織的關係三方面內容。

1. **設計組織結構**。設計組織結構包括組織內部在職能上、地理位置上、任務上的分工和各級職位的權責規定。這些內容都以組織圖和職務說明書等形式表現出來，組織結構的設計必須與組織的性質和目的相適應，必須服務於組織目的：這種設計實際是組織目的合理分解後在組織結構上的展現。此外，組織結構的設計還必須考慮必要職務活動的種類和數量、必要的誘因，以及工作的場所和時間等因素。

2. **配備人員**。配備人員首先要明確管理者應當具備的條件。巴納德認為，一個管理者應該具備的首要條件是對組織的忠誠心。如果管理者不能忠於職守，指揮系統或資訊系統就不能發揮應有的作用。雖然任何組織都要付給管理者金錢或其他物質誘因，但忠誠心卻不是僅僅靠金錢等物質的誘因所能買到的。在這一點上，對威望的追求、工作上的興趣和榮譽感可能是更重要的誘因。

其次，管理者必須具備相對的能力。巴納德把能力分為一般能力和特殊能力。一般能力是指從事各類工作都應具備的能力，如機敏程度、適應能力、靈活性、冷靜、勇氣、魅力等。這種能力無法直接傳授，要靠長期的鍛鍊和經驗的累積才能養成。特殊能力是指從事各項專門工作所需要的專門能力，它是由組織的分工決定的，並且可以透過專門訓練取得。但是，實際上，完全具備這些素養的人極少。因此，要盡可能縮短資訊路線，並設立必要的參謀人員，以保證管理者能在時間、精力和能力等方面適應組織發展的要求。

巴納德特別指出，隨著組織機構的發展，人員的選拔、晉升、降職、解雇等日益成為維持資訊系統的核心問題。這些問題解決得如何，主要看管理者是否充分發揮了控制或監督作用。如果發現組織的效率很低，就說明資訊結構和人員配備不當，說明管理者控制和監督不力。

3. **管理者與非正式組織的關係**。巴納德主張，必須重視非正式管理組織的作用，認為非正式管理組織具有促進資訊流通的功能，是管理組織不可缺少的。所謂非正式管理組織就是指管理階層中存在的非正式組織。管理組織可以透過這種非正式組織的作用而變得活躍起來。例如：它可以透過非正式管理組織提供的某些事實、意見、疑問、啟示等獲取必要的資訊，而這些資訊如果經由正式資訊路線，往往會引起利害衝突，威脅組織的權威，並造成管理者的過重負擔。實際上，許多成功的管理者都善於運用非正式管理組織來解決某些重要而困難的問題。

因此，為了維護資訊路線的暢通，就要維護非正式管理組織的存在。一般方法就是維護人們之間的協調狀態。此外，在對管理者的選拔、配備、晉升時，往往要考慮學歷、出生地、威信等因素，其原因也在於此。但是，巴納德同時又指出，如果人與人之間的關係過度調和，那就是有害的了。因此，當人們遇事都採取同一種態度時，管理者的敏感性和責任心就會大為削弱。

為此，經理人員必須規定組織的任務，闡明權力和責任的界限，並考慮到資訊聯絡的正式手段和非正式手段兩個方面。非正式手段的資訊交流可以提出和討論問題，而不必做出決定和加重經理人員的工作，可以使不利影響減低到最小程度並強化符合組織目標的有利影響，所以有助於維持組織的運轉。

(二) 從組織成員那裡獲得必要的服務

這主要包括：招募和選拔能最好的做出貢獻並協調的進行工作的人員，以及採用巴納德稱之為「維持」的各種手段，如「士氣」的維持，誘因的維持，監督、控制、檢查、教育、訓練等因素的維持，以此來維護協作系統的生命力。

(三) 確定組織的目的和目標

此項職能就是前述協調目的與環境相互關係的決策職能。

確立組織的目的和目標是一項廣泛分散的管理職能，它涉及管理組織的各個層次。在現實的決策過程中，組織的目的是透過各個管理層次不斷的被分解、分工和修正的。最上層的全面管理者確定組織的基本方針、目的和方向；中層的部門管理者確定本部門的每月具體目標；基層的管理者確定每日的作業目標。一般來說，上層是進行抽象的、一般的、未來的、長期的決策，下層是進行具體的、特殊的、短期的實施決策。因此，這一個職能的執行過程，實際也是責任的劃分或授權的過程。組織目的經過不斷分解，最終必然要包括每個人的決策。

正是由於這是一項廣泛分散的管理職能，因而在其執行過程中，如何使組織的各個層次特別是基層人員都能理解和接受組織的整體目的或共同目的，便成為一項必須解決的難題。因為，直接推動環境、實現組織目的的是處於組織基層的人員，他們的努力程度左右著組織目的的實現程度。如果他們不理解、不接受組織目的，這個目的就不能成為現實的目的。因此，管理者必須經常的教導他們，使他們了解什麼是組織的整體目的，應該如何把局部目的置於整體中的適當的位；同時，要經常了解並掌握他們的活動情況和個人的具體決策。

除了前面的論述以外，巴納德把決策和授權的職能也包括了進來。授權是一種決策，這種決策包括所追求的目標和達到這些目標的手段兩者在內。其結果是在協作系統內部對各種不同的權力和責任加以安排，以使組織的成員知道他們怎使組織目標得以實現的策略因素；而綜合則是認識到組成一個完整系統的各個要素或不一樣為所追求的目標做出貢獻。至於決策本身，則包括兩個方面：分析和綜合。分析是尋找能部分之間的相互關係。

(四) 確保成員的協作活動

組織的實體是人的協作活動，因而管理者的一項重要職能就是要確保組織成員的協作活動。巴納德把這一職能分為誘導人們與組織建立協作關係和調動他們積極參與組織活動這兩個部分。

1. 誘導人們與組織建立協作關係。對於新建的組織來說，首要的問題是必須使人們與組織建立協作關係即參加組織；對於原有組織來說，也會因為人員的死亡、解雇等情況而需要補充人員，因而吸引人們與組織建立協作關係，也是管理者的一項經常性的重要職能。管理者執行這一個職能，實際就是透過誘因與說服的方法，在一定的範圍內行使其影響力。例如：透過招聘廣告及其他形式的宣傳活動，說明組織需要的貢獻和服務，以及組織可能提供的誘因的質和量等，來吸引人們參加組織。

2. 使組織參加者積極參與協作活動。能否加入組織和加入組織後能否積極參與組織活動是兩個不同的問題。這是因為，人們雖然加入了組織，但依然會堅持個人的立場，要使他們積極的參加協作活動，為組織作貢獻，就需要對他們進行教育（培養對組織的忠誠心和責任感）、提供誘因和行使權力。他們與組織的關係是否進一步密切，是否從協作活動中得到個人的滿足，決定著他們會付出多大的貢獻，並且影響到尚未參加組織的人能否對組織同樣抱有好感，與組織接近乃至參加組織。因此，此項職能執行得如何，決定著組織未來的發展。

巴納德認為，管理的藝術就是把內部平衡和外部適應和諧的綜合起來。各級組織都是社會這個大協作系統的某個部分和方面，每一個組織必須符合一定條件才能生存。

巴納德詳細論述了經理人員的權威問題。他強調指出，經理人員作為企業組織的領導核心，必須具有權威。什麼是權威？他認為，權威存在於組織之中。換句話說，權威是存在於正式組織內部的一種「秩序」，一種資訊交流的對話系統。如果經理人員發出的指示得到執行，在執行人的身上就展現了權威的建立，違抗指示則說明他否定這種權威。據此，指示是否具有權威性，檢驗的標準是接受指示的人，而不是發布指示的經理人員。一些人失敗，因為他們不能在組織內部建立起這種展現權威的「秩序」。當多數人感到指示不利於或有悖於他們的個人利益，從而撤回他們的支持時，權威也就不存在了。巴納德分析了個人承認指示的權威性並樂於接受指示所必須具備的四個條件：第一，他能夠並真正能夠理解指示；第二，在他做出接受指示的決定時，他相信該指示與組織的宗旨是一致的；第三，他認為指示與他的個人利益是不矛盾的；第四，他在體力上和精神上是能勝任的。

巴納德有關權威的理論是最不尋常和最具特色的。傳統的組織理論把權力看作是管理人員固有的權利。例如：法約爾說：「權力，就是指揮和要求別人服從的權力。」並且認為，權力來自上級，透過自上而下的層層授權，建立起組織的權力系統。這種權力觀念，把下屬的個人動機和態度完全排除在外了。巴納德提出了一個與此相反的權威概念。他說：「所謂權威，是指正式組織的命令的性質——組織的貢獻者把命令作為組織要求他去做某些事情的決定接受下來，並據以支配自己的行為。」這個概念指出了命令具有被人們接受的性質。如果一項命令已經被人們接受，表明人們確認了它的權威性，並且把它作為自己行為的基礎；如果它沒有被人們接受，就表明人們否認了它的權威性，事實上就沒有權威。這就是說，命令的權威性決定於接受命令者，而不決定於發出命令者。

巴納德從上述權威概念出發，進一步指出，命令能否被人們接受即是否具有權威，決定於它是否滿足了以下四項條件：

1. 必須使接受命令者理解該項命令，不能被理解的命令是不會有權威的。
2. 必須使接受命令者相信該項命令與組織目的沒有矛盾，否則，他就不能接受。
3. 必須使接受命令者相信該項命令與個人利益沒有矛盾，否則，他就不能服從，一般是採取迴避態度。
4. 接受命令者必須在精神上和體力上具備執行該項命令的能力，否則，他也要違背命令。

因此，組織的管理人員必須慎重的運用權威，使發出的命令具備上述四項條件。

這種觀點與以往所有的權威概念都是對立的，一個組織如何才能在這種獨特的權威概念下進行工作呢？對此，巴納德提出了一個「無差別區」的概念。在這個「無差別區」中，每個人不允許提出有關權威的問題而必須接受命令。即是如果一個下屬認為這個命令與他的個人道德規範相抵觸，他就必須在不違背個人價值系統的意願和繼續留在這個組織內之間做出權衡。這個「無差別區」的大小，取決於組織對個人提供的誘因超過個人為組織做出犧牲的程度。領導者個人方面的因素也可以影響「無差別區」的範圍。當領導者由於個人能力而造成的權威和由於地位本身形成的權威結合起來時，「無差別區」的範圍就比較寬廣。但巴納德更多強調的還是「權威由作為下級的個人來決定」，因為對於各種命令，個人總是可以有所選擇，或者接受，或者不接受，因而，接受理論總是有效的。

巴納德指出從被接受的組織命令自身方面來看，必須具備以下條件，才能被人們接受，從而具有權威。

第一，發布命令者首先必須具備職位許可權，使接受命令者相信該命令發自資訊中心即占據管理職位的人。職位許可權是由管理者所處的職位決定的，與他的個人條件無關。

第二，發布命令者必須具備領導許可權。領導許可權是由管理者個人的知識和能力決定的，與他的職位無關。必須使管理者的職位許可權和他的知識和能力結合起來，他的命令才能使人相信和接受，從而才能有權威。

第三，管理者必須從組織目的出發進行決策。處於管理職位的人既可能為實現組織目的進行決策和採取行動，又可能為實現個人目的進行決策和採取行動。只有在前一種情況下，客觀的權威才屬於管理者，而在後一種情況下，客觀的權威就不屬於管理者了。

在組織的生存和發展過程中，發揮管理者的職能作用具有關鍵的意義。巴納德以「經理的職能」作為全書的主題，並指出他的意圖就是要使人們了解管理者應該做什麼與為何、如何去做。這說明管理理論是他全部理論的落腳點，占有十分重要的地位。

---

1. 一個協作系統是由許多個人組成的。但個人只有在一定的相互作用的社會關係之下，與其他人協作才能發揮作用。個人對於是否參加某一協作系統（即組織）可以做出選擇。他們的這種選擇是以個人的目標、願望、推動力為依據的。
2. 每一個正式的組織都有一個既定的目標。當這個組織系統協作得很成功時，它的目標就能夠實現。這時，這個協作系統是有「效力」的。反之，如果這個組織的目標沒有實現，其協作系統一定存在毛病，行將崩潰或瓦解。所以，系統的「效力」是系統存在的必要條件。系統的「效率」是指系統成員個人目標的滿足程度。
3. 經理人員必須規定組織的任務，闡明權力和責任的界限，並考慮到資訊聯絡的正式手段和非正式手段兩個方面。
4. 權威存在於組織之中。權威是存在於正式組織內部的一種「秩序」，一種資訊交流的對話系統。如果經理人員發出的指示得到執行，在執行

人的身上就展現了權威的建立，違抗指示則說明他否定這種權威。據此，指示是否具有權威性，檢驗的標準是接受指示的人，而不是發布指示的經理人員。

5. 一個命令是否有權威決定於接受命令的人，而不決定於「權威者」或發令的人。
6. 組織是由兩個以上的人的協作、活動組成的體系。
7. 決策的藝術在於：對現在還不適當的問題不做決策，時機不成熟時不做決策，對不能有效的實行的事不做決策，對應該由別人來決定的事不做決策。

《董事》鮑勃·特里克

Directors *Bob Tricker*

鮑勃·特里克，生於一九四〇年，英國著名管理學家，受聘於英格蘭、澳大利亞和香港地區的多所大學，經常奔波於世界各地。關於公司管理的著述，其代表作有《董事》、《經理革命》等，並任《公司管理》（一份國際評論）的編輯。他將董事及董事會工作作為主要課題進行的研究是透過他主持建立的設在牛津諾菲爾德學院的公司政策小組來完成的。

鮑勃·特里克的貢獻在於對董事和董事會專題的研究，他對董事、經理革命及企業制度的研究，使經理層與管理學界對經理、董事等方面的變革有了比較深刻的了解。《董事》一書是他的代表作，這本書簡要介紹了董事的職責、作用，董事會的構成及董事面臨的挑戰，對於每家公司、企業的董事、經理及眾多股東都具有極大的參考價值。

近年來，在很多國家，董事的工作已受到極大關注，經理負責處理公司的各項事務，而董事的重要性則在於正確把握公司的發展方向，確保公司更好的運轉。然而，「董事的作用是什麼？」「董事會的組成和類型應是怎樣的？」對這類問題全世界有著不同的觀點，《董事》一書就是在這樣的背景下寫成的。

傳統的觀念認為，董事應為公司制訂策略方向，這就是董事們為何被稱為董事的原因。董事委任公司高級管理人員、監督公司去經營管理。

鮑勃·特里克認為，在一些情況下，董事會的工作涉及公司的日常經營、策略制訂、計畫批准、資源配置、控制公司的運作，並檢查其運作結果。在另一些情況下，董事會的工作只不過是任命總經理、走過場式的批量公司管理層提交的計畫。這大多取決於董事會對公司的控制能力及董事會的組成和類型。總之，董事會的工作可以改變公司所面臨的處境。

董事必須著眼於公司的外部環境和內部事務。他需關注公司近期的業務表現以及中長期的發展，制訂策略要著眼於公司的策略環境，放眼於公司未來的發展方向，然後，策略需被轉化為政策來指導公司的高層管理人員，同時董事會要檢查監督經理們的活動，並向股東和其他不動產所有人提交反映公司活動及經營情況的報告。董事會工作的中心是確保公司擁有正確的領導，董事會要任命和監督執行長（CEO），並在必要時對其進行撤換。此外，董事們還須決定授予總經理和公司高層管理人員多少權力，他們自己保留多少權力。董事會的責任也表現在兩個方面，注意公司的外部環境和內部事務，並發揮監督執行作用和決策作用。

從傳統上說，公司法並未區分不同類型的董事。所有董事都負有相同的責任，不論是執行董事還是非執行董事，也不論是在公司有著既得利益的董事還是完全獨立的外聘董事。不論是董事的個體還是董事的群體，都有責任保證公司管理得當，遵紀守法，符合股東利益。近來，執行董事責任和非執行董事的責任變得有所不同。不同的董事會對其所在的董事會做出不同的貢獻。

鮑勃·特里克將董事會的工作分為兩個方面：首先，在決策作用上，董事會為公司的將來制訂策略和政策，確定公司的發展方向，為公司的經營管理做貢獻；其次，在監督執行的作用方面，董事會監督公司管理層，確保公司的經營與先前制訂的政策、程序、計畫相一致，達到所要求的經營標準，表明其在公司管理活動中的管理責任。實際上，多數董事發揮著不只一種作用，並且他們的作用隨著時間和董事會的事務的不同而改變，由於潛在的衝突，任何一個董事都不可能發揮所有的作用。

董事的主要責任是對公司成員 —— 股東而言的。在幾乎所有的公司法體系裡，行為正直、勤奮、有技能和關心公司事務是對董事職責的兩個基本認識。董事的基本職責是為所有股東忠實的履行義務，對於與股東利益相關的事情，平等提供充足的、準確的資訊，在處理公司事務時不能計較個人得失，而且董事絕對不能從公司生意中暗中獲利，如有可能，則必須向董事會聲明。董事擁有的特權獲取一些敏感價格的資訊，以此為基礎與一家董事本人持有股票的公司進行內部交易，這顯然是不合適的，是一種犯罪行為，董事會必須真誠的為全體股東利益做出決策。根據法律規定，董事進一步承擔的責任是關心公司事務、勤奮的為公司工作、擁有一定的工作技巧，具有專業資歷的董事被人們認為是其所在領域的專家。在現在的公司裡，董事會是全面決策的實體，董事們承擔著公司一切行為的最終責任。目前，在世界範圍內對董事職業標準的要求高於幾年前，並且還在不斷提高。法院也在不斷做著充分準備，以便在董事被指控有欺詐行為或怠忽職守或侵犯小股東利益時採取行動。但是，如果董事們是為公司利益做出商業判斷，即使後來證明該判斷及決策是錯誤的，法院也不能對他們判罪。

以上討論的是股票上市公司的董事們，至於其他類型的公司，鮑勃．特里克也討論了五種：

1. **子公司和聯營公司**。在此實體中，一家大公司掌握著實體的股權，它掌握的股權雖不能完全控制實體，但能在實體的事務中起主動作用。這時，此實體中的董事將發現自己處於一個特殊的地位，即他需要平衡集團公司和他作為董事長的子公司之間的利益關係問題。

2. **策略聯盟**。近年來十分普通的策略聯盟反映了對產品採購、生產、更新、銷售或融資的需要。董事們創造了策略聯盟，同時也面臨著利益平衡問題。

3. **家族公司**。公司的所有權掌握在公司創立者或家族成員和少數幾個忠實的員工手中，法人管理權為創建公司的經理所有。內部董事與創立者關係密切，被邀加入董事會的外部董事為董事會提供知識、技能和經驗。但問題緊接著便出現了，特別是在遺產繼承上的問題，先前一些持股的家族成員仍是公司管理人員，而另一些卻不是公司管理人員了，這樣免不了家族成員內部的爭鬥。

4. **合作公司和私營公司**。近年來，合作化（將國有企業部分私有）和私有化（國有企業全部私有）席捲整個西方世界，涉及到諸如電力、自來水、公共交通和通訊等國有部門。這些公司的董事們碰到一些特有的問題。在非官方的合作化群體中，為保證國家重要的策略利益不落入壞人之手，國家必須控股，這與市場化改革便有了一些衝突，即策略利益與效率低下的矛盾。

5. **非盈利性實體**。受保證條款限制的非盈利性實體裡的董事們，他們透過立法組織來負責慈善事業和管理非盈利性實體，他們處於受託人的地位。然而，誠實、正直、坦率等這些基本的素養仍應在他們身上展現出來。非盈利性公司缺乏監督機制這一盈利性基礎，該實體董事會所面臨的挑戰是如何確定公司業務成功的標準，此外，協調短期的和長期的目標間的衝突也比較難。

鮑勃．特里克另外對於董事會的構成進行了分析。他認為，董事會很少出現在公司組織結構圖中，但它卻是最終的決策實體。公司管理層不是一個純粹的金字塔，卻是一個典型的等級社會，組織內部有著嚴格的等級責任，從而使上情下達、下情上達。相反，董事會不是一個等級社會，每位成員都有相同的職責和責任，他們平等的發展工作，組織討論，最後達成一致意見，必要時進行投票表決。董事會的構成是董事會活動的基礎，董事會內部成員的能力、品質、社會關係是董事會活動能力的基礎。董事會的風格即是董事會的程序、權力和政策決定其效率。董事會的構成將公司中擁有管理職位的董事和那些無職位的董事區別開來，在公司管理層任職的是執行董事，無職位的是非執行董事和外部董事。董事會構成的選擇有四種：

1. **全部為執行董事的董事會**。在這種董事會中每位董事都是公司的管理人員，許多初創公司和家族公司都是此種結構。公司創立者和關係密切的同事及家族成員既是員工又是董事。許多子公司也採取這種結構。實際上，這就使公司高層管理層中不招聘外部成員。

2. **多數為執行董事的董事會，在私營公司的發展中，執行董事們感到有必要吸納一些其他方面專業知識和技能的人補充進來**。為公司購股、融資或維持同公司供應商和顧客的關係，亦任命一些非執行董事，另一個原因是，家族公司的股份為家族成員分別持有時，可能會任命一些非執行董事。非執行董事與執行董事之間在某種程度上能相互監督檢查。

3. **非執行董事占多數的董事會**。在這種董事會中，公司外部董事的數量大大超過內部執行董事。

4.**雙層董事會**。在雙層董事會中監事會成員全都不在公司最高管理層任職。

董事會中董事的數量對董事會的效率影響甚大。成員太多，會議太頻繁，讓董事會行動繁瑣冗長。其結果是不但不能達成一致意見，反而容易出現分歧，形成小幫派，影響共同意志的形成。

成員太少又難以形成合理的知識、能力和經驗結構。董事會成員的多少是由公司章程決定的，章程只能由股東大會修改。這些年來大公司都以集團方式經營，有些在合資公司或策略聯盟中任執行董事，他們顯然面臨著一個利益平衡問題。

董事會的類型有哪些呢？董事會中人際關係十分敏感且變化莫測；董事長對公司的經營不可避免的產生影響。董事會的風格是多種多樣的，董事們一方面考慮的是董事會內的人際關係問題，另一方面考慮的是董事會的工作問題。董事會的類型有四種：1. 奉命型。這種董事會中的董事們對工作考慮得少，亦很少在意董事會內的人際關係。董事會議流於形式。這種情況或許是由於一個人主宰了公司，重大決策由他一人拍板，或許是公司主要人物接觸頻繁，決策已在董事會議前得到了認可；2. 鄉村俱樂部型。這種董事會中的董事很注重董事會內的人際關係，即使焦點問題已在董事會議前提出，它也不是董事會議上最重要的事情。公司的董事會議可能有很多繁文縟節，董事會會議廳裝飾豪華，高懸著董事長的畫像，長期形成的傳統備受推崇，革新卻遭到抵制；3. 代表型。董事會的任務勝於注重董事會內部的人際關係，董事們常常代表著不同股東。它更像一個多利益實體組成的議會，討論往往針鋒相對，極易政治化，在這裡，權力基礎和權力平衡至關重要；4. 職業型。董事們兼顧任務與人際關係，成功的職業型董事會有一個董事長作為領導核心，會內的成員在相互理解和尊重的基礎上十分投入的討論問題。

在以上的分析中有一個概念：社團法人管理。這是指公司運用權力的方法。所有的公司都需要被控制和管理。

管理機構的組成和機制，特別是股份有限公司中董事會的構成和運作機制，是社團法人管理的核心。董事會與股東、審計人員、政府的公司管理機構和其他不動產保有人的關係是有效的社團法人管理的關鍵，它同時也是董事會和公司最高管理層的聯繫方式。

有關社團法人管理主要有五種理論：

1. **管理理論**。構成公司法的基礎是公司董事負有委託人的責任，該種思想的內涵是相信能給董事委以重任。管理理論是這種思想在社團法人管理上的典型反映。公司的權力透過董事加以運用，董事由股東大會提名任命。他們作為掌管公司資源的管理者對公司股東負責。

2. **組織理論**。它對社團法人管理中管理層次的關心很少。理論上，多數研究機構承認總經理職位是公司組織機構的巔峰。實際上，的確很少有董事位於公司組織結構圖的頂端。

3. **不動產保有人理論**。該理論反映出現在一九七〇年代。

了人們對大公司，尤其是跨國公司規模過大，影響過甚，而不能使董事透過傳統的服務生產方式承擔責任的擔憂。該理論認為董事實際上成為不動產保有人。

4. **代理理論**。一九八〇年代被提出。該理論認為：人是利己主義者而非利他主義者，不可能為他人的利益而對其委以重任並讓他發揮重要的作用。代理理論將董事和股東間的關係看作是合約關係。由於董事為自己的利益進行決策，有必要設立監督檢查及平衡機制，有必要設立外部董事和董事會審計委員會。

5. **公司理論**。公司理論實際上是由代理理論和經濟學中的交易成本理論構成，在此不作詳述。

鮑勃·特里克指出，傳統上認為股東決定董事的任免和公司的發展方向的理論是有缺陷的。因為，在現代社會中，股權越來越分散化，從地理上看股東分布很廣，即使機構投資者的實力很大或股東利益集團形成，也很難改變權力傾向於掌握在董事會手中的現象，股東的最終權力，即對董事會的影響充其量僅僅是提名和任命董事會成員。

最後，特里克分析了董事所面臨的挑戰。主要有以下幾個方面：

1. 公司的法律和條例。各國的公司法、破產法、壟斷法、兼併管理法、雇傭法等都對董事的責任產生了進一步的約束作用。對於上市公司來說，它的股票在股市上交易，董事的責任亦受證券法、投資保護法及特定的股市規則所制約。
2. 世界上的立法者皆傾向於要求增加規範公司行為的法律，要求公司的事務對外公開。這顯然對董事的管理提出了新的要求。
3. 董事管理公司的方法不斷的遭到訴訟，股東和其他方面都對此感到遺憾。
4. 人們對於董事的報酬越來越高感到不滿。研究表明銷售量的成長返還給股東的那部分利潤很少，而董事收入的成長速度卻明顯加快。

---

1. 各個董事會的工作方法有很大的不同。有些是相當安逸的俱樂部型；有些只對管理層的報告做過場式的批示；有些是由代表不同利益集團的董事組成，因而政治性很強；有些則考慮到公司策略以及要對經理們的工作表現實行監督而採用正規化的工作方法。
2. 在大公司，董事長的作用已傾向於不止是管理董事會，例如確定會議議程、主持會議、批閱會議記錄，而是對董事會事務有更為廣泛的責任，如評價董事會的運作，發展新董事。在其他情況下，董事長達到公司主要發言人的作用，從而減輕了總經理的工作壓力。
3. 成功企業的董事會成員有滋生驕傲情緒的危險。

曾是工作效率很高的董事會也可能會變得不合時宜了，但要改革並非件易事。

《追求卓越》托馬．湯姆．彼得斯、羅伯特．沃特曼

In Search of Excellence

Tom Peters and Robert H. Waterman

托馬．湯姆．彼得斯，一九四二年，出生於美國巴爾的摩市，曾獲得史丹佛大學企業管理碩士及商學博士，曾任麥肯錫諮詢公司的諮詢員，目前，他負責自己創辦的帕洛．阿爾托諮詢公司，並任教於史丹佛大學。

同時他還是麥肯錫諮詢公司的主要顧問，並常為《華爾街日報》撰稿。

羅伯特．沃特曼，出生於美國丹佛市，曾獲科羅拉多礦業大學工程學士及史丹佛大學企業管理碩士。在麥肯錫諮詢公司服務約二十年，目前擔任經理。

兩位作者合著的《追求卓越》是當代最暢銷的管理書籍之一。兩位作者訪問了美國最優秀的六十二家大公司，從而總結出了成功企業的八大特徵。此書一出版便引起了轟動，它的全球銷量已近六百萬冊。該書的出版是管理思想發展史上的一個里程碑。

在美國深受失業、不景氣之苦的時候，管理學界盛行「日本第一」、「Z 理論」、「日本經營的藝術」的說法。《追求卓越》這本書的出版多少使美國人，尤其是美國企業人士，重新拾起已經失落的信心。本書指出，成功的祕訣實際上是跨越國界的，同樣的道理如果在日本行得通，那麼在美國也行得通。

《追求卓越》是由兩位作者訪問了美國歷史悠久且最優秀的六十二家大公

司，探討他們成功的原因，最後從這六十二家公司中，以獲利能力和成長的快速為準則，挑出了四十三家傑出模範公司。

首先，兩位作者指出，他們所研究的組織結構是麥金西諮詢公司研究中心所設計的組織七要素：結構、系統、風格、員工、技術、策略、共同價值觀。其中，結構和策略是硬體，其他五項是軟體。軟體和硬體一樣重要。

在作者看來，傑出公司的標準是不斷創新的大公司。

創新是指具有創造力的員工開發出可以上市的新產品和新服務，也指一個公司能夠不斷的對周圍環境應變。凡是顧客需求、政府法令及國際貿易環境發生改變，公司的策略方針理應調整改變，也就是不斷創新。

這些傑出公司有八個特徵：

1. 崇尚行動

雖然這些優秀的企業在決策過程中可能會進行分析，但是，他們不會被那些現象所麻痺（像許多其他的公司一樣）。在許多這樣的公司裡，標準的操作程序是：先做，再修改，然後再嘗試。舉個例子，一位 Digital 公司的高級經理人員說：「當碰到大問題時，我們就把十個資深人員抓到一間辦公室裡，然後關一個禮拜。當他們提出答案後，我們馬上就執行。」此外，公司非常重視實驗。他們不是讓兩百五十個工程師和市場人員孤立的在新產品上做十五個月，而是以五到二十五人為一組，在幾週的時間內帶著一些並不昂貴的樣品在顧客中驗證關於產品的想法。令人驚奇的是，每個優秀的公司都有很多套實用的辦法來保持企業的靈活性，防止因規模擴大而導致的不可避免的浪費。

2. 貼近顧客

這些公司從顧客身上學習。他們提供無與倫比的高品質、優質服務和信用卓著的可靠產品 —— 不但能用，而且還用得很舒服。這一切成功的區分了日用品類的公司 —— 如弗里托食品公司（洋芋片），美泰克家電（洗衣機）或者是塔帕韋爾公司。IBM 的市場部副總經理法蘭西斯 · 羅傑斯說：「在許多公司，當顧客受到好的服務時，往往格外驚喜，認為這很特別。這種情況實在令人惋惜。」在優秀公司裡情形卻不一樣，每個人都有責任提供最好的產品和服務。很多具有創新精神的公司總是從顧客那裡得到有關產品方面的最好的想法，這是不斷的、有目的的傾聽的結果。

3. 自主創新

具有創新能力的企業總是透過組織的力量培養領導者和創新人才，他們是所謂的「產品鬥士」的培養地。3M 公司被描述成「如此執著於開發創新，以至於這個公司的氛圍不像是大企業，而像個由實驗室、小房間連起來的鬆散網狀結構，上面擠滿了狂熱的發明家和大膽的創業家，在公司裡充分發揮他們的想像力」。他們不限制員工的創造力，支持有實際意義的冒險，支持員工試著去做一些事。他們遵循弗萊徹・拜倫的第九條誡令：「要有合理的犯錯誤次數。」

4. 以人促產

優秀的企業認為，不論是位居高位者還是一般員工，都是提高產品品質和勞動生產力的源泉。這類公司中的勞資關係良好，勞資雙方有相同的勞動態度，而且不認為只有資本投資才是效率提高的源泉。就像 IBM 的小湯瑪斯・華生所說：「IBM 的哲學只有三個簡單的原則。我將從認為最重要的開始：尊重個人。這是個很簡單的概念，但是 IBM 的經理們卻花了很多時間去實踐它。」德克薩斯儀器公司董事長馬克・謝潑爾德也說：「每位員工都是創意的來源，他們有用的不僅是一雙手而已。」在他的「人人都參與計畫」裡九千多名員工中的每一個人，或者說是德克薩斯儀器公司的品質圈，對公司的生產力水準的提高助益甚多。

5. 價值驅動

IBM 的湯瑪斯・華生說：「一個組織的基本哲學思想對組織的作用比技術資源、經濟資源、組織機構、創新和抓住時機的作用更大。」麥當勞的雷・克勞克定期拜訪各連鎖店，用公司一貫的標準 —— 品質、服務、清潔和價格 —— 來衡量各家連鎖店的好壞。

6. 不離本行

強生公司的前任主席羅伯特．強森說：「不要接下你不知如何操作的生意。」或者像寶鹼公司的前任執行總裁愛德華．哈尼斯說：「我們公司從未離開過本行，我們盡量避免成為一個綜合體。」除了幾個例外，優秀公司的產品幾乎都沿用他們所熟知的方面擴展，很少進入他們未知的領域。

7. 精兵簡政

我們考察的公司大多數是大型企業，這些企業沒有一家實行複雜的矩陣結構，一些企業曾經採用過這種結構形式，但現在已經放棄。

優秀企業中的組織形式和系統簡單明瞭。上層管理人員尤其少；不到一百個幕僚人員的企業經營數百億美元的生意，這種情況經常可以見到。

8. 寬嚴並濟

優秀的企業既是集權又是分權的。像我們所說，在大部分情況下，他們把權力下放到生產線和產品開發部門。另一方面，對於少數他們看重的核心標準，這些公司又是極端的集權，公司高層牢牢的把握著這些權力。

3M 公司由於照顧到產品鬥士因而組織比較混亂，然而，一個分析家指出：「對公司基本信念的信仰，他們比被極端政治派別洗腦過的狂熱分子還狂熱。」在 Digital 公司，這種混亂情況更明顯，以至於一個經理人員抱怨說：「很少有人知道他的上司是誰。」但是，外面的人很難想像，該公司上下員工一直嚴格的堅持著要使顧客信賴的準則。

八大特徵嚴格來講並不是標新立異的東西，相信許多管理人員有同樣的感覺。但是，作者從堆積如山的材料中辛辛苦苦提煉出這八大特徵，證明了它們的有效性，並賦予公理般的地位。這是偉大的貢獻。每一位從中受惠的讀者都應該感謝他們。

八大特徵簡單而行之有效。在大型企業如此，在中小企業中更是如此。作者用大量從優秀公司實地調查來的事例與數位告訴讀者這一點。管理並沒有多少訣竅，只要把尋常的事情做得不尋常的好，你也可以了不起！這就是本書要表達的觀念。

我們經常爭論說，優秀企業之所以優秀，是因為他們的組織制度能促使一般員工努力工作，充分發揮自己的積極性。很難想像營業額有幾十億美元的企業的員工在總體上與常人有很大的不同。但是，在公司發展初期，優秀企業確實有一兩位非常有能力、非常突出的領導，他們是這些公司的幸運。

領導意味著很多事情，它是耐心和煩躁的結合體，它是人們希望的、在組織的內部能很好發酵的陰謀的種子。它透過現今的管理系統語言小心翼翼的改變組織的注意力，更改公司的日程表，以便使重要的新事情能夠引起充分的注意。當事情出差錯的時候，你能感知它的存在；而當公司運行良好時，你又感覺不到。它在公司高層形成一個忠誠的團隊，這個團隊心往一處想，用力往一處，步調一致。大多數場合它仔細傾聽員工和顧客的聲音，鼓勵員工努力工作，用可堪信賴的行動來增強語言的說服力，必要時它變得很嚴厲，它偶爾赤裸裸運用一下權力。大多數這類行動在政治學家詹姆斯・麥克格羅格的著作《領導》中被稱為「事務性領導」，這些行為對領導者都很必要，占據了領導者大部分時間和精力。

但是，伯恩斯提出了另一種領導方式，他稱之為「反式領導」—— 這種領導方式在人們為生命尋求意義的需要的基礎上，制訂組織的目標。與「事務性領導」相比，這種方式沒有前一種常見。幾乎每個優秀企業的文化都可以在公司歷史中某一點的「反式領導」上找到根源，而現今，這些公司的文化氛圍是如此濃厚，以致他們對「反式領導」的需要不會長久。這種文化氛圍能滿足「非理性」的人的需要，但我們懷疑，在沒有「反式領導」的情況下，企業文化能否像過去那樣向前發展。

反式領導者也關注公司細節，但是他關注的是不同種類的細節。

他的關注是教師、語言學家的習慣 —— 相當成功的成為價值觀形成者、示範者和意義的創造者。他的工作比事務性領導者的工作更難應付，因為他是真正的藝術家，真正的開拓先鋒者。畢竟，他既要喚起員工追求卓越的強烈願望，又要身先士卒，達到好的表率作用。同時，他得長期做到言行一致，為實現人生理念的日復一日的工作；他得利用一切機會和一切場合，向所有員工宣傳企業的價值觀。

伯恩斯令人信服的談到，領導者應能使其追隨者超越日常性事務。他透過批評早期領導者醉心於權力而打開話題，認為醉心於權力使得領導者忽視像灌輸價值觀念這類更重要的任務，「許多理論沒有充分認識到非常關鍵的價值觀的作用。」他繼續說：「當有一定動機和目的的人被動員起來時，就應該在與別人制度的、政治的、心理的和其他資源的衝突和競爭中發揮領導的作用，目的是喚起、約束和滿足追隨者的動機。」伯恩斯說：「本質上，領導不是赤裸裸的權力運用，它與追隨者的需要和目標密不可分」。

當一人或更多的人與他人交往時用這樣一種方式，甚至在領導者和追隨者相互提高動機和道德水準時，反式領導就發生了。他們的目的，在事務性領導方式中開始或許分離，但存在聯繫，最後在反式領導中融合在一塊。他們的權力基礎連接在一起，不是相互抵消，而是相互聯繫，共同支援一個目標，這種領導方式有不同的叫法：有的叫提高；有的叫動員，還有的人叫激勵、表揚、提升等等，當然，這種領導是屬於道德範疇的。因為反式領導能提高領導者和被領導者的行為和道德水平，因而它最終會變得很道德……，反式領導是一種動態領導，領導者與被領導者關係融洽，被領導者因而覺得地位、身分等有所「提高」，從而變得更加積極主動，新的領導幹部也就這樣形成。

像其他人一樣，伯恩斯認為領導者能迎合一些潛意識的需要：「基本過程是難以捉摸的，在基本上，它是把被領導者處於潛意識狀態下的東西變成有意識的東西。」商業心理學家亞伯拉罕·澤爾茲尼克在比較領導者和經理人時，得出很多結論，他說：「經理熱情的與員工一塊工作，這樣領導者就能夠攪動員工的情感世界。」

公司的文化也不容忽視。公司有自己的獨特文化，領導人肩負著塑造並保持這些文化的責任。此外，職能部門也應該盡量縮小，以保持工作的效率。

接著，作者開始具體論述傑出公司的八個特徵。

傑出公司的第一個特徵，是樂於採取行動。世界是複雜的，當出現問題時，大多數傑出公司不是編制報告來從事龐大的理論論證，而是成立專門小組，成員

只有少數幾人，進行快速反應。組織流動性非常重要，傑出公司的組織有流動變化，能夠注重不拘束的非正式溝通；定期鼓勵員工提出評議，有助於企業的發展。傾向行動即是協助公司具備應變能力，鼓勵員工採取行動。小單位是看得到的行動力量，也是傑出公司的組織，傑出公司的小組具有下面的特徵：1. 小組人數不多，通常不超過十人;2. 其報告層次及成員資深程度與問題的重要性成正比;3. 存在期限非常短促；4. 成員通常是自願的；5. 接受迅速追蹤考核；6. 沒有職能部門人員；7. 檔案是非正式的，而且通常少之又少。

傑出公司的行動，最重要且最看得見的部分，是它願意嘗試諸事，提倡一種實驗，也是行動的化身。要在一間公司裡形成實驗的氛圍、環境與一套激勵工作態度的機制極其重要。而實驗的迅速和實驗數目的多寡是決定實驗成功的重要原因。實驗還是大多數傑出公司廉價學習的一種方法，結果證明：實驗所花費的代價比嚴密的市場研究或謹慎的人力運用要少得多，還更為實用。而且，實驗作為一種活動，對外是保密的，這樣有利於形成公司的一種持久優勢。在實驗過程中，顧客達到非常重要的作用，實驗的最終成果需由顧客來進行評價。實驗成功與否，關鍵在於能否適應市場的需求，而不是其他。

除非組織環境自由開放且富有彈性，否則專門小組不會發生作用。同樣，如果實驗的環境不能容忍漏洞和錯誤，不能鼓勵冒險，那麼實驗也不能順利的成功進行。公司大多數時候應採用一種自然的態度，讓對革新創意有興趣的人大膽的進行實驗，並帶動整個公司實驗的風氣。也就是說，實驗強調的是行動而不是計畫，主張實際做而不是待在那裡想，注重具體而不是抽象。

要保證實驗的進行，還必須重視簡化制度，改革繁瑣的工作程序，修訂嚴格的規章制度，保證有效的溝通，做到結構簡單而人員精幹。

傑出公司的第二個特徵是接近顧客。顧客對於企業經營的每一層面，例如銷售、生產製造、研究發展、財務會計等，都具有舉足輕重的影響力。以顧客為導向並不代表這些傑出公司在技術或是控制成本方面沒有能力。傑出公司採取這種接近顧客的策略，主要目的是增加公司營業收入。接近顧客首先要提倡服務至上，認真完成售後服務，贏得顧客的信賴。為了確保公司經常和顧客聯繫，公司可以定期評估顧客滿意的程度，評估結果對於員工尤其是高級主管獎金報酬的多寡，具有相當大的重要性。大體而言，幾乎每個傑出公司的全體員工都能共同遵守力行服務的宗旨，許多公司不論是機械製造業或是高科技工業或是食品業，都以「服務業」自居。大多數傑出公司也同樣非常注重產品的品質與可靠性。真正以優異的品質與服務為指導的公司，的確是竭盡所能的追求完美，也唯有靠著這股強烈的信念，整個公司似乎才可能團結起來。而且，傑出公司多半先把顧客群適當區分為許多階層，然後提供他們需要的產品與服務，這種方式不但可以提高產品的附加價值，而且也增加公司利潤。兩位作者還指出，傑出公司受到顧客影響的程度，遠比技術或是成本來得高，絕大多數傑出公司都是以品質服務、市場活動範圍為導向。

傑出公司的第三個特徵是獨立自主與企業精神。傑出公司能製造出令人羨慕的成長記錄、創新產品的紀錄以及利潤，其中最重要的因素大概是因為他們同時具有大企業風範和發揮小企業作風的本領。另一項重要因素是，他們對於公司上下各層能夠充分授權，提倡企業制度。

作者提出了創新勇士這個概念。創新勇士既不是個毫無價值的空想家，也不是個偉大的思想家，他甚至可能是個專門竊用他人構想的小偷，不過，最重要的是，他是個非常講求實際效用的人，一旦取得別人還在理論階段的產品構想，只要有所需，他一定會頑固的拚著一股傻勁，設法使它成為實際的效果。

在創新過程中，有三個最主要的角色，產品創新勇士、創新勇士主管、「教父」。創新勇士主管，一定是從產品創新勇士過來的，他深深懂得如何保護一個具有潛力而合乎實際的產品構想，使它不至於受到公司組織的干擾與阻礙，「教父」是「創新勇士」的先驅，通常是公司裡年高德重的領導者，他們本身就為公司年輕一代立下了楷模。

大部分的創新勇士，失敗的時候占絕大多數，對傑出公司而言，創新成功的機會是種數字賭博。

為支援創新，公司一般實行分散式的組織機構，鼓勵公司內部的激烈競爭，實行頻繁的資訊交流，對失敗能用容忍的態度對待。對成功的創新實行獎勵制度，對創新勇士實施英雄式的待遇。此外，人事組織要富有彈性，沒有過多的紙上作業和繁文縟節。

公司的第四個特徵是，生產力靠人來提高。以對待成人的方法對待員工，視他們為合夥人，尊重他們，給予他們尊嚴，視他們為提高生產力的主要來源。還須真心真意的訓練員工，為員工訂出合理且清晰的目標，給他實際的自主權，讓他跨出步伐，全心全意的獻身工作。調查顯示：傑出公司並不輕易裁員。

傑出公司在以員工為重心方面有兩個主要特色。首先是語言，公司有共同的語言特色，這是企業文化的一個方面；還有一個特色就是缺乏明確的指揮系統。當然，的確有做決定的指揮連鎖系統，卻不用來做每天的溝通工作，無拘無束才是溝通意見的形態，最高管理階層定期與基層員工或顧客接觸。

傑出公司會花大量時間來培訓員工，並給予他們未來的經理人員訓練，使他盡早熟悉公司並融入其中。此外，讓員工知道公司的事情，以便相互比較工作能力，有利於員工的內部競爭。最後，組織規模小型化能使員工個人獨立作業，獨當一面，而且出類拔萃，從而保證一種高效率。

傑出公司的第五個特徵是：建立正確的價值觀。傑出公司相當重視價值觀念，公司的領導者透過個人的關注、努力、不懈的精神，以及打入公司最基層的方式，來塑造令員工振奮的工作環境。事實上，價值觀念通常不是用很正式的方法來傳遞，而是用比較軟性的方式，像說故事、講傳奇或用比喻一樣的事物來告訴大家。

每個公司強調的價值觀念都不一樣，但還是可以找出共同點：1. 敘述價值觀時，幾乎都使用與品質有關的名詞，而不用與數量有關的名詞。如財務目標只提大概不作精細描述。他們會普遍灌輸這樣一個觀念：利潤是把工作做好所得到的副產品。2. 極力鼓勵公司裡的員工，讓價值體系深入到組織的最基層。3. 傑出公司都是在兩個相互矛盾的目標中選擇其一，作為公司的價值觀，例如賺錢與服務，經營與創新，注重形式與不拘一格，強調控制與強調人的因素等。

公司的基本價值觀主要有：1. 追求美好；2. 完成工作的細節過程很重要，應竭心盡力把工作做好；3. 團隊和個人一樣重要；4. 優良的品質和服務；5. 組織中大部分成員必須是創新者，而且必須支援嘗試的錯誤與失敗；6. 不拘形式是很重要的，這樣可以增加溝通；7. 確認經濟成長和利潤的重要。

傑出公司的第六個特徵是：做內行的事。事實證明：很多被收購或合併的公司都失敗了，主管們常掛在嘴邊的合作效果不但沒有實現公司合併後的結果，而且通常都很悲慘。很多被收購或合併公司的主管在公司被合併後就離去，公司只留下一個空殼和一些廢棄的資產設備。更重要的是，公司在收購了其他公司以後，哪怕是很小的公司，他都要分心，花時間去管理，相對的，花在原來公司的時間就減少了。此外，收購了新公司後，指引公司發展最重要的價值觀念以及公司主管的管理方式會跟多樣化的策略發生衝突。因為每個公司都有自己的一套價值觀，合並成大企業集團後，要想推行統一的價值觀非常不容易。

一方面是組織擴展得太大太遠，不容易全面推廣，一方面是統轄企業的客戶，不容易取得員工的信任，如從事電子行業的領導不易在消費品公司中取得信任。

擴充後各行業間結合得比較緊密的組織，經營的成績比較好，其中最成功的，是以一項單一技術發展多樣化產品的公司。雖然，有些公司借著發展多樣化的產品或行業，可以穩定公司的經營狀況，但是隨便追求多樣化，卻會得不償失。擴充後，核心技術結合得越緊密的公司，表現得越好。

傑出公司的第七個特徵是：組織單純，人事精簡。公司規模大而複雜，需要用複雜的制度或組織來處理問題，另一方面，要使公司發揮功能，須讓諸事能夠被成百上千的員工們所了解，這即意味簡化工作。這便形成了一對矛盾。

如果實行的組織結構複雜，員工們會無法確定該向誰負責，而且弄不清優先順序，結果出現癱瘓的局面。實行單純的結構，一方面可解決這個問題，另一方面公司在處理因應環境迅速變遷所產生的問題時相當有彈性。由於組織成員看法一致，可以運用專案小組或計畫小組。人員的精簡隨公司組織的單純而來。

未來的組織形式有以下幾種：1. 依功能性質分組織。如典型的消費產品公司，這種組織有效率，擅長基本工作，並非特別具有創造性。2. 依部門分組織。即依會計、生產、銷售來劃分，這能充分做好基本工作，而且相較於功能組織容易適應，然而各部門一定會變得很龐大。而且容易形成集權與分權的大雜燴。3. 用來處理麻煩的矩陣組織。這種組織在短時間後，總是會阻撓創意，尤其是難於執行基本工作。4. 專為解決某一問題而成立的暫時組織。如專案小組，有助於解決當前的具體問題，但卻忽視基本工作。5. 專為處理某事而成立的任務團。這種組織形式頗具穩定性，但也會變得視野狹窄。

傑出公司的第八個特徵是：寬嚴並濟。這是對上述各條原則的一個總結，它在本質上反映的是，公司有堅定的中心方向，亦有最大的個人自主性。運用這個原則的組織，一方面有嚴格的管制，同時也容許成員的自治、企業精神的創新。寬嚴並濟實際上也是企業的一種文化。

最後，作者認為，一九八〇年代可能的企業組織形式應能適應三種需求：基本組織需有效率、需不斷創新、確保有適當方法對付重大威脅，以免組織不善於靈活應變。

---

1. 成功企業關鍵特點中的一個就是他們認識到保持事物簡單的重要性，即使面臨複雜化的巨大壓力。
2. 去做，去碰，去試，這是我們的格言。
3. 卓越的企業實際上和它們的顧客靠得很緊。即其他企業在談論這些，卓越的企業在做這些。
4. 管理實際上應是確定目標和方向、做出決策、貫徹實施三者間交互作用的過程。

《經理工作的性質》亨利・明茲伯格

The Nature of Managerial Work *Henry Mintzberg*

亨利・明茲伯格，加拿大著名管理學家經理角色學派的代表人物。一九三九年出生於加拿大蒙特婁市。一九六一年獲麥基爾大學學士學位，一九六二年獲喬治・威廉爵士大學碩士學位，一九六五年獲得麻省理工學院管理學碩士學位，一九六八年獲得麻省理工斯隆管理學院博士學位。一九六一年任職於國家運籌學研究所，一九六八年為麥基爾大學教授。

一九七三年任美國卡內基 —— 梅隆大學訪問教授。

明茲伯格在管理學上的最大貢獻在於對經理工作的分析，從而創建了經理角色學派。經理角色學派是管理學理論的一個分支學派，主要強調經理工作對組織的巨大作用，並對經理工作的範圍、性質、功能進行了全面的考究探察，並對如何提高經理工作的效率提出了自己的看法。

本書對經理工作的知識進行了全面的闡述，特別是對經理在企業中所擔當的角色進行定位，將職責許可權加以明確，從而指出經理工作的方向。此書出版後，對許多企業的經理確實大有幫助。

經理工作實際上是非常繁雜的，每一位經理的工作時間表也被排得滿滿的，那是不是在這麼多的工作中存在共同之處，也就是說，這些經理是否在做著一些相同的事呢？事實上正是這樣，這些共同特點可以從如下幾個方面來討論：工作量和工作進度、重點工作內容、工作的計畫與實施、工作方式、對外聯絡以及權利與職責。

《經理工作的性質》亨利·明茲伯格

經理工作無論多麼繁忙，但都有一個共同特點，那就是他們的工作都是在變化的，沒有一件工作是穩定的、長期的。原因在於：

第一，經理每天都會面臨許多十分瑣碎的事情，而這些事情又不得不去處理，而且時間上也肯定非常緊迫。這些事情沒有專業化的特點，比如處理失火事件、簽合約、開會等。

第二，經理無法不考慮工作機會成本。如果他專注於做某一件事，必然放棄做另一件事，這就是他所付出的代價。一般而言，如果要把時間長期放在某一件事上是得不償失的，這件事最終就算完成的不好，但只要花費時間不多，還是會比儘管完成品質好但花費時間長所帶來的收益多。

第三，經理的工作不斷在變化，不斷有新的工作內容。這是因為經理對一些例行工作不感興趣，也是出於成本的考慮。這樣做對的工作效益也有提高的作用。

明茲伯格對經理工作的時間進行了分配。他認為在與上級、外人和下屬這三個關係方面，經理花費的時間是不同的。與外人的聯繫所花時間占總工作時間的三分之一至二分之一左右，與下級的聯繫所花的時間也占總工作時間的三分之一至二分之一左右，而與上級聯繫所花的時間僅占總工作時間的十分之一以下。

不論是哪種類型的經理，明茲伯格都把他們的工作總結為以下六個特點：

1. 工作量大，步調緊張。

經理由於全面負責一個組織或組織中的一個部門（如生產線：企業完成某工序或單獨生產某種產品的部門）的工作，並要與外界聯繫，所以總有大量的工作要做。因而必須毫不鬆懈，保持緊張的步調，很少有休息的時間。高級經理尤其是這樣。懷特在他寫的《經理的工作有多麼艱苦？》一書中指出，他所訪問的總經理都說，他們在每週五個工作日中的四個晚上都在工作；一個晚上在辦公室，一個晚上在招待客人，兩個晚上把工作帶回家中去處理。高級經理人員的這種過重的工作負擔使他們與家庭和朋友在一起的時間減少，無暇閱讀書刊和去劇院、音樂廳。造成某種程度的隔離。

明茲伯格的調查也表明總經理工作的緊張程度。每天有大量的郵件、電話和會晤，占據了全部工作時間，幾乎沒有一次真正的休息。喝咖啡時也在進行談話，午餐是在正式和非正式的會晤中進行的。好不容易有一點空閒的時間，馬上就有下級來侵占，根本無法放鬆緊張的步調。經理之所以會工作量大而步調緊張，是由於經理職務本身的廣泛性以及工作沒有一個明確的結束標誌。工程師的設計或律師的案件都有個終結，而經理必須永遠前進，永遠不能肯定何時已獲得成功或何時可能失敗，永遠必須以緊張的步調工作。

2. 活動短暫、多樣而瑣碎。

明茲伯格指出，經理和機械工人、工程師、程式設計人員、推銷員的工作有所不同。他的活動短暫、多樣而瑣碎。

明茲伯格的調查顯示，總經理每天平均有三十六個書面聯繫和十六個口頭聯繫，而每項聯繫往往涉及不同的事。他們工作活動的短暫性也是十分令人吃驚的。他們的活動中有半數不到九分鐘便完成了，電話都很簡明扼要，平均只有六分鐘。

經理往往不願採取措施改變工作中的這種短暫、多樣而瑣碎的情況。這是由於他的工作量太多，而他又意識到自己對組織的價值，因而對自己的時間的機會成本（由於做某件事而不做另一件事所造成的損失）特別敏感。於是就用這種短暫、多樣而瑣碎的方式來工作。這樣，必然造成經理工作中的膚淺性。這是必須努力加以克服的。

3. 把現實的活動放在優先的地位。

經理總是趨向於把注意力和精力放在現場的、具體的、非常規的活動中。他對現實的、涉及具體問題和當前大家關心的問題做出積極的回應，而對例行報表及定期報告則不那麼關心。他們強烈的希望獲得最新資訊。因此，他們經常透過閒談、傳聞、推測等來收集非正式的、及時的資訊。

4. 愛用口頭交談方式。

經理使用的工作聯繫方式主要有五種：郵件（書面通訊）、電話、未經安排的會晤（非正式的面談）和經過安排的會晤（正式的面談）以及視察（直覺的）。這幾種聯繫方式有很大的差別。不過根據明茲伯格的調查材料表明，經理們都傾向於用口頭交談方式。他們用在口頭交談上的時間占很大比重。明茲伯格認為，經理並不需要從事具體的作業性工作，透過口頭聯繫等方式來指導和安排別人的工作就是他的職責。所以，經理的生產性輸出基本上能夠用他們口頭傳遞的資訊量來衡量。

5. 重視與外部和下屬的資訊聯繫。

經理一般與三個方面維持資訊聯繫。一是上級（總經理的上級是董事會）；二是外界（指經理所管理部門以外的人們）；三就是下屬。經理實際上處於其下屬和其他人之間，用各種方式把他們聯繫起來。調查材料表明，經理與下屬進行聯繫所花費的時間占相當大的比重，通常占他全部口頭聯繫時間的三分之一到二分之一，而他們與上級聯繫的時間一般只占十分之一。他們與外界聯繫的時間通常比與下屬聯繫所占的時間還要多，約占全部聯繫時間的三分之一到二分之一。

6. 權力和責任的結合。

經理的責任是很重大的，經常有緊急的事務要處理，似乎很難控制環境和他自己的時間。但他也有很大的權力。

他可以採取一些措施，在解決問題的過程中想出一些新的主意，把問題變成機會，為企業的發展服務。

經理在工作中所擔任的角色總的來說有以下十種：掛名首腦、聯絡者、領導者、監聽者、傳播者、發言人、企業家、故障排除者、資源配置者和談判者。這些角色是分不同的方面來劃分的，前三種是從人際關係方面來界定的，接著第四到第六種是從資訊方面來界定的，後面的四種是從決策方面來界定的。作者接著對這十種角色進行了分類的詳細解釋。

在人際關係方面的活動中，掛名首腦角色是一種空泛的概念，它並不指示著經理在工作中如何執行自己的決策權力。作為領導者，它規定了經理工作的性質和內容，比如指導下屬員工的活動，規定工作環境，激發員工積極性、協調員工關係等等；作為聯絡者，指經理要在橫向關係中處理他人與組織之間的關係，從而使組織內部與外部之間的關係進一步和諧，從而有利於組織的發展。

在資訊方面，經理是監聽者、傳播者，還是發言人。

監聽者意味著經理要掌握自己組織和環境的各種資訊，傳播者意味著經理要將資訊回饋給別人，發言人意味著經理將資訊發布給下屬員工。資訊方面擔當的角色，要求經理要盡可能快，盡可能全面的掌握組織資訊並傳遞給其他人，以使大家對於組織的狀況有一個充分的了解。

在資訊方面角色的擔當過程中，經理接收的和傳播的資訊都還不會對組織的決策發揮作用，然而作為決策方面的角色，經理就要實實在在的對組織產生直接影響了。經理作為企業家，要追求組織的合理變化，他要努力去發現問題並解決問題，要抓住組織發展的每一次機遇，大膽開拓，勇於創新。比如改進現有方案、分派權力等。作為組織的負責人，經理在組織活動中出現的一切問題都要負直接責任或連帶責任，無論問題是不是他親自造成的。經理也是故障排除者，必須及時發現組織活動中的所有問題（故障）並加以解決。經理還是資源配置者，具體是指經理要安排組織內所有成員的工作內容。作為談判者，經理必須在對外交流中代表組織形象及發言人，為維護組織利益而努力。

隨著情況的不斷變化，經理所擔任的角色也會不斷變化。這就是經理工作的差異性。產生差異的原因有如下幾種：外在環境變化、職務變化、個人性格變化、時間變化等等。在某一時段內，經理的工作是由這幾個原因共同作用的結果。這幾個原因作者予以了詳細闡述。

明茲伯格針對如何提高經理的工作效率這一問題，提出了十個重點：

1. **與下屬共用資訊**。資訊是下屬有效的進行工作所必須的，下屬由於地位和條件的限制，難於獲得足夠的資訊，必須依靠經理來獲得某些資訊，如顧客的新想法、供應商的動向和環境中的變化等。他們尤其期望從經理那裡得到兩種特殊的資訊：

(1) 他們依靠經理確定組織的準則。

經理必須在利潤、生產發展、環境保護、員工福利等方面加以權衡、擬定出指導方針並傳達給下屬，使下屬得以遵循。

(2) 他們依靠經理來了解組織的目標和計畫，以便據以擬定出自己的目標和計畫。

所以，經理必須採取適當的途徑把自己掌握的資訊傳達給下屬。他主要可以透過兩種途徑：口頭傳達和把他所掌握的資訊形成為書面檔，傳遞給需要的人。經理在與下屬共用資訊方面，必須在失密的風險與下屬掌握資訊而使效率提高之間權衡利弊，以定取捨。

2. **自覺的克服工作中的表面性**。明茲伯格指出，由於經理的工作量大、緊張、多樣化、瑣碎、簡短，很容易浮於表面。經理必須自覺對待驅使他在工作中浮於表面的壓力。有一些問題，他必須集中精力，深刻理解；另一些問題，他只需粗略的過問一下就行了。經理必須在這兩者之間進行權衡。經理的工作分成兩類來處理：第一，有一些一般性的工作，經理可以授權給別人去做。第二，另一些工作，經理需要過問一下，但不必花費太多的時間，可以由下屬擬定方案，自己做最後的審批。對那些最重要、最複雜、最敏感的問題，擔任經理的人必須親自處理。這些往往是屬於機構改組、組織擴展、重大矛盾事件等問題。

3. **在共用資訊的基礎上，由兩三個人分擔經理的職務**。克服經理工作負擔過重的一個辦法是由兩三個人來共同分擔經理職務，形成「兩位一體」、「三位一體」、「管理小組」、「總經理辦公室」等領導體制。其中「兩位一體」的形式尤為普遍。由一個人主要承擔對外的各種角色（掛名首腦、聯絡者、發言人、談判者）。另一個人主要擔任領導和決策方面的角色。這種辦法的優點是可以減輕壓在一個人身上的工作負擔，並使領導團隊中的每一個人專注於某些職務。但要使這種辦法有效的實行，必須有兩個條件：第一，領導團隊中的每個人必須共用資訊。因為，資訊是經理能承擔其職務的關鍵因素。分擔經理職務的成敗主要取決於共用資訊的程度。領導團隊中的每一個成員都必須擔任「資訊接受者」的角色，並注意把資訊傳遞給其他成員。第二，領導團隊中的每位成員必須協調配合，對組織的方針和目標有一致的認識。否則的話，各人就會朝不同的方向用力，行政機構和整個組織就解體了。

4. **盡可能的利用各種職責為組織目標服務**。經理必須履行各種職責，花費許多時間。有的經理在遭到挫折或失敗時，往往歸咎於自己的職責太多，以致未能把工作做得更好。其實，他應該歸咎於自己沒有盡可能的利用各種職責來為自己組織的目的服務。同一件事，某些人看來只是負擔，而另一些人看來卻同時又是機會。實際上，對於一個精明的經理來說，他的每一項職責都給他提供了為組織目標服務的機會。處理一次危機當然要花費時間和精力，但同時也可乘機進行必要的改革。明茲伯格舉例說：參加禮貌性活動要花費許多時間，但也可利用這些活動為組織開闢疏通的管道等等，經理所做的每一件事都可以使他有機會為組織服務。

5. **擺脫非必要的工作，騰出時間規劃未來**。經理有責任來保證他的組織既能有效的生產今天所需的商品和服務，又能適應未來，得到發展，這就要擺脫一些不必要的工作，騰出時間規劃未來。

6. **以適應於當時具體情況的角色為重點**。經理雖然要全面的擔任十種角色，但在不同的情況下要有不同的重點。例如政府機構中的經理可能要以聯絡者角色和發言人角色為重點；直線生產經理可能要以故障排除者角色和發言人角色為重點。

7. **既要掌握具體情節，又要有全域觀念**。經理人員必須把具體情節匯總起來形成自己的整體概念。為了做到這點，經理人員除了掌握必要的資訊以形成自己的模型之外，還要參考別人提出的各種模型。

8. **充分認識自己在組織中的影響**。下屬對經理的任何言行都是極為敏感的。所以，經理要充分認識到自己對組織的影響，凡事謹慎從事。這點不但適用於小型組織，也適用於大型組織。大型組織中最高領導者的一句草率的議論、隨便透露的資訊，都會透過多種形式滲透下去，對組織產生重大影響。所以，經理不能以個人的偏好和興趣為準。

9. **處理好各種對組織施加影響的力量的關係**。對組織施加影響的力量有：

員工、股東、政府、工會、大眾、學者、顧客、供應商等。經理必須對這些力量的利益和要求加以平衡，並妥善處理。

10. **利用管理科學家的知識和才能**。經理所要處理的問題日益眾多和複雜，所以必須在編制工作日程、做出策略決策等方面利用管理科學家的知識和才能。但是，經理要能有效的利用管理科學家的知識和才能，就必須與管理科學家很好的合作與共事。經理必須幫助管理科學家，對他們提出明確的要求，使他們了解經理的工作和存在的問題，讓他們得到充分並必要的資訊和資料。幫助他們如何在一個動態的體系中工作，把自己的知識和才能用於解決組織的當前實際問題。這樣，經理才能從管理科學家那裡得到必要的幫助。

明茲伯格希望這本書能讓讀者開始對經理的工作有所了解。另外他還希望本書所做的研究工作將使其他人也來參加研究經理職務這一有趣而重要的領域。這本書是明茲伯格根據八百九十封信件材料的三百六十八次訪談記錄而寫成的，他明確指出，法約爾曾經提出的管理定義，現在已經不適用，我們只有透過觀察和描述實際的管理工作，來理解管理工作的現實，才能夠更好的概括管理工作的要素。值得注意的是，明茲伯格透過實際考察得出來的結論，與現代組織理論的基本觀點相當符合。

經理工作雖然瑣碎新穎，但絕非雜亂無章，還是有一定的程序的。經理工作程序化就是指經理對管理過程加以仔細分析，明確各個過程的具體內容，將各個過程結合在一起，科學的編制成工作的程序。

經理工作程序化有利於提高工作效率，節約時間，降低工作成本。但是，經理在制訂程序時，必須與分析者合作。原因在於：第一，分析者可以幫助經理就獲得的各種不完整而且粗糙的資訊加以區別，建立資料庫對資訊進行監視，讓經理節省了時間，在短時間內獲得品質高且內容豐富的訊息；第二，分析者可以幫助經理以專業方法制訂策略決策系統。第三，分析者可以幫助經理預測和應付突發事件、監督專案的進展情況。可見，分析者的作用是不可或缺的，它實際上擔當起了經理的專業助手的職能，對經理工作效率提高和組織的發展都有巨大貢獻。

1. 經理的各種角色中最簡單的是掛名首腦的角色，它把經理看作是一種象徵，必須擔任許多社會的、激勵的、法律的以及禮儀的職務。
2. 經理必須對組織的策略決策系統全面負責，透過這個系統做出重要的決策並使之互相聯繫。
3. 在某種情況下，一個經理除了擔任他平時的經理角色以外，還必須擔任一個專家的角色。
4. 經理作為配置者監督他的機構所有資源的分配，從而保持著對機構決策過程的控制。
5. 經理工作無論多麼繁忙，但都有一個共同特點，那就是他們的工作都是變化的，沒有一種工作是穩定的、長期的。
6. 經理作為監聽者必須不斷的從各種來源搜尋並獲得內部和外部的資訊，以便對工作環境有一個徹底的了解。

《執行》拉里．博西迪、拉姆．查蘭

Execution *Lawrence Bossidy and Ram Charan*

拉里．博西迪，是霍尼維爾國際總裁和 CEO。他在企業管理方面所取得的成就鮮少有人能與之匹敵。霍尼韋爾是一家資產達兩百五十億美元的多種技術提供商及製造業的領袖型企業。博西迪曾經在一九九一年至一九九九年擔任聯合信號公司總裁兼 CEO，一九九九年十二月該公司與霍尼韋爾國際合併後，他當選為霍尼韋爾公司總裁。二○○○年四月，他因退休而離開公司，二○○一年再次接受聘請，重新擔任公司 CEO 兼總裁的職位。

博西迪因為把聯合信號公司改造為全球最受尊敬的公司之一而享有崇高的聲譽。在擔任聯合信號公司總裁的期間，他帶領公司連續多年在現金流和收益方面實現較高成長，並取得了連續三十一個季度實現每股收益率超過百分之十三的輝煌業績。

博西迪於一九五七年作為一名實習生進入奇異電氣公司，在聯信公司工作之前，他曾經在奇異電氣公司從事過執行和財務工作。他曾先後擔任過奇異電氣信貸公司（也就是現在的奇異電氣資本公司）的營運長（一九七九年至一九八一年）、奇異電氣服務和原料部門執行副總裁及總裁（一九八一年至一九八四年），以及奇異電氣公司副總裁和執行長（一九八四年至一九九一年七月）等職位。

拉姆．查蘭，是一位資深顧問，他曾為包括從新興公司到《財富》五百強在內的許多公司的 CEO 和高級執行官提供過諮詢服務，這些公司包括奇異電氣、福特汽車、杜邦公司、EDS 等公司。

查蘭博士曾經在《哈佛商業評論》和《財富》雜誌上發表過多篇文章，並獲得哈佛商學院 MBA 和 DBA 學位，目前任教於哈佛商學院和西北大學凱洛格學院。

在企業界的多年經歷使我們有機會得以親眼目睹終端市場和商業模式的許多重大變革。在今天的商業環境中，要想取得成功，企業必須擁有一種全新的領導理念。新型領導者們必須學會創造、激發和維繫一個整合型的商業企業。在這個過程中，被綜合而非各自獨立的加以考慮的人員、策略和商業經營所帶來的結果就不再只是簡單的環節相加。這也正是執行的關鍵意義所在。

執行是任何企業（無論是在紐約還是在臺北）當前面臨的最大問題。

執行不只是那些能夠完成或者不能夠被完成的東西，它是一整套非常具體的行為和技術，它們能幫助公司在任何情況下得以建立和維繫自身的競爭優勢。執行本身就是一門學問，因為人們永遠不可能透過思考而養成一種新的實踐習慣，而只能透過實踐來學會一種新的思考方式。

根據我們的觀察，那些業績優異公司的領導者們一般都具有以下六個特點：

1. 他們對自己的業務有著足夠的了解，所以他們能夠在一些重大決策過程中貢獻自己的力量。
2. 他們能夠為企業的發展確立明確而清晰的目標。複雜會導致誤解，簡潔則會排除迷惑。
3. 他們會經常的提供自己的下屬指導和培訓。在這些人看來，判斷自己領導能力的標準是自己所聘請的人的品質，所以他們會在確定提升項目之前對其進行充分了解。
4. 他們會透過在報酬和升遷機會方面對表現不同的員工加以區別對待的方式來建立一個強大的領導基因庫。而且他們確信，如果自己能夠對那些具有執行精神的人給予充分的回報，如果能夠提拔那些注重執行的人，自己的公司就會逐漸建立起一種執行文化。
5. 他們了解並勇於接受現實。他們不會帶領自己的公司向著毫無勝算的方向（根據自己公司的經驗和文化來判斷）發展。

6. 他們有著堅強的性格。這種人不會因為小小的勝利而沾沾自喜，因為他們永遠秉持著一種信念 —— 止步不前者必將被淘汰。

領導企業建立一種執行文化並不是一門非常精深的科學，它其實非常直接。主要的前提條件就是你，作為一名領導者，必須深入而充滿熱情的參與到自己的企業當中去，並對企業中的所有人坦誠相待，無論你是在經營一家全球性的公司還是一家小企業，執行者必須對自己的企業、人員和經營環境有著綜合全面的了解。領導者們可以透過個人參與的方式來推動自己的企業建立一種執行文化。

沒有掌握執行學問的領導層是不完整而且沒有效力的。如果不知道如何執行，你作為一名領導者所取得的全部成就也不過是整個企業各個部門業績的集合。對於一個企業來說，建立執行文化本身就是一個巨大的改進機遇，錯過這一機遇將是對公司能量、人員和資源的一種巨大浪費。

本書共分三部分，第一部分包括第一章和第二章，我們將在這一部分解釋執行的學問，它的重要性，以及它如何能將你和你的競爭對手區分開來。

第二部分包括第三章到第五章，我們將說明執行的過程，執行的一些基本要素，同時我們還將對一些最重要的問題展開討論：領導者的個人特質、文化變革的社會條件以及領導者最重要的工作 —— 選拔和評估人才。

第三部分包括第六章到第九章，這一部分將提出一些具體的指導。我們將對人員、策略和經營三個核心流程展開討論。具體來說，我們將闡述是什麼使這三個流程變得更有效，以及每個流程的實踐是如何與其他兩個流程聯繫並整合到一起的。

第六章討論了人員部分，它也是三個流程中最重要的部分，如果這一部分執行得好的話，企業內部將自動形成一個人才庫，而且這個人才庫將具體型成很多具有可執行性的策略，並能夠將這些策略轉化為操作計畫和執行過程中具體的責任點。

第七章和第八章討論了策略流程部分。我們將闡述有效的策略規劃是如何將你從五萬英尺的高空帶回到現實世界的。這個流程是透過一個要素、一個要素的方式開發出一套具體的策略，而且可以保證每個要素的可執行性都能得到具體的測試。它還將與前面討論的人員流程聯繫到一起。如果企業提出的策略和它背後的邏輯能夠與市場現實、經濟形勢和競爭環境相吻合的話，人員流程的實施也就相應有了保障。也就是說，企業將實現「將適當的人員分派到適當的工作職位上」這一目標。目前許多所謂的策略存在的問題就是，它們要麼過於抽象，要麼只是經營計畫，而非真正意義上的策略。領導層和它的能力可能並不搭配，比如說，一位領導可能是一位行銷和財務高手，但他卻並不適合策略家的角色。

在第九章，我們將闡述這樣一個道理：如果不能夠被轉化為具體行動的話，再好的策略也無法帶來實際的成果。經營流程表明了如何一步步的形成一個能夠最終發展為策略的經營計畫。策略和經營計畫都將與人員流程結合起來，因為只有這樣才能真正檢測出一個組織是否真正擁有執行一項計畫所需要的能力。

無論是在書刊、報紙還是雜誌上，當你看到執行這個詞的時候，都會得到一種（模糊的）概念，認為執行就是更為有效、更為仔細、更為注重細節的完成某項工作，但很少有人能夠講清楚它的真正含義。

即使那些意識到執行重要性的人也傾向於認為執行就是要關注細節。比如說，本．羅森在他的評論中正確的用到了執行這個詞，但即使他能真正的理解了執行的含義和要求，康柏公司的領導層也無法領會這一點。

人們通常都是從戰術的角度來考慮執行問題。這本身就是一個大錯誤。戰術是執行的核心，但執行不等於戰術。執行是策略的基礎，所以它必須同時成為策略的決定因素。如果不考慮企業的執行能力的話，任何領導者都不可能制訂出真正有意義的策略。對於那些落實計畫過程中的細節性問題，你可以稱為流程實施，或關注細節，或其他任何東西，但千萬不可將執行與戰術混淆。

執行是一套系統化的流程，它包括對方法和目標的嚴密討論、質疑、堅持不懈的跟進以及責任的具體落實。它還包括對企業所面臨的商業環境做出假設、對組織的能力進行評估、將策略與經營及實施策略的相關人員的進行結合、對這些人員及其所在的部門進行協調，以及將獎勵與產出進行結合。它還包括一些隨著環境變化而不斷變革前提假設和提高公司執行能力以適應野心勃勃的策略挑戰的機制。

《執行》拉里·博西迪、拉姆·查蘭

從最基本的意義上來說，執行是一種暴露現實並根據現實採取行動的系統化的方式。遺憾的是，大多數公司都沒能很好的面對現實。正如我們將看到的那樣，這也正是它們無法正確落實策略的原因所在。關於傑克·威爾許管理風格的書有很多，尤其是他的管理過程中的鐵腕手段，有時甚至被稱為冷酷無情，但從我們的角度來看，他實際上是在透過一種強制性的手段把現實主義注入到通用管理的各個流程當中，並以此建立了一個注重執行的企業文化。

執行的核心在於三個核心流程：人員流程、策略流程和經營流程。所有的企業和公司都在以某種特有的方式利用這三個流程，但在大多數情況下，它們都無法將這些流程緊密的結合起來。人們只是在走走形式，盡快完成這些流程，然後就可以回去繼續從事自己原來的工作。通常情況下，CEO 和他的高級管理團隊每年只花不到半天的時間來對企業計畫 —— 人員、策略和經營進行評估。而且在大多數情況下，這些評估也都沒有展現出任何的互動性，人們只是坐在那裡看幻燈片，他們並不會提出任何問題。

由於這三個流程彼此緊密的聯繫在一起，所以人員之間也不應該存在任何的分隔。策略的制訂必須考慮到企業人員條件和經營過程中可能會出現的實際情況，而對人員的挑選和選拔也應該是根據策略和經營計畫的需求而進行的。同時企業的經營必須與它的策略目標和人力條件相結合。

最為重要的是，企業的領導者和他的領導團隊必須親自參與到這三個流程當中。這三個流程最重要的實踐者應該是企業的領導者和領導團隊，而不是策略規劃人員、人力資源經理或財務人員。

另外，很多企業領導者都認為，作為企業的最高領導者，你不應該屈尊去從事那些具體的工作。這樣當領導當然很舒服了：你只需要站在一旁，進行一些策略性的思考，用你的遠景目標來激勵自己的員工，而把那些無聊的具體工作交給手下的經理們。自然，這種領導工作是每個人都嚮往的。如果有一份工作，既不讓你親自動手，又可以讓你享有所有的樂趣與榮耀的話，誰會不想做呢？相反，誰會在一個雞尾酒會上告訴自己的朋友，「我的目標是成為一名經理」呢？畢竟，在這個時代，經理似乎已經成了一個貶義詞。

對於一個組織來說，要想建立一種執行文化，它的領導者必須全身心的投入到該公司的日常經營當中。領導並不是一項只注重高瞻遠矚的工作，也不能只是一味的與投資者和立法者們閒聊 —— 雖然這也是他們工作的一部分。領導者必須切身的融入到企業經營當中。要學會執行，領導者們必須對一個企業、它的員工和生存環境有著全面綜合的了解，而且這種了解是不能為任何人所代勞的。因為，畢竟只有領導者才能夠帶領一個企業真正的建立起一種執行文化。

領導必須親自經營這三個流程 —— 挑選其他領導者、確定策略方向，以及引導企業經營，並在此過程中落實各項計畫。這些工作都是執行的核心，而且無論一個組織的規模大小，企業領導者們都不應當將它交付給其他任何人。

對一位企業的領導者來說，情況也是如此。只有一位領導者才能提出比較強硬但每個人都需要回答的問題，並隨後對整個討論過程進行適當的引導，最終做出正確的取捨決策。而且只有那些實際參與到企業經營當中的領導者才能擁有足以把握全域的視角，並提出一些強硬而一針見血的問題。

只有領導者才能左右組織中對話的基調。對話是企業文化的核心，也是工作最基本的公司。人們彼此交談的方式絕對可以對一個組織的經營方式產生決定性的影響。在你的組織裡，人們之間的談話是否充滿了虛偽做作而支離破碎的色彩？人們在進行討論的時候，能夠從實際出發，提出適當的問題，針對這些問題展開具體的爭論，並最終找出正確的解決方案嗎？如果是前者的話 —— 在大多數公司裡都是如此，你可能永遠也無法在與員工的討論中了解到實際情況。如果希望成為後者的話，領導者就必須與自己的管理團隊深入到企業的經營當中去，不斷的將一種注重執行的企業文化注入到企業經營的各個環節中。

具體來說，領導者必須同時參與到這三個流程當中去，而且要投入巨大的熱情和精力。

拉里認為企業應該以人為本，員工應該是一個企業最重要的核心資產，但大部分企業的領導者們卻總是把評估和獎勵員工的工作交付給人力資源部門，然後根據人力資源部門的評估意見來決定具體的獎懲措施。還有很多領導者總是盡量避免在小組會議上與別人公開爭辯。這根本不是一種領導者應有的姿態。只有親身實踐的領導者才能真正了解自己的員工，而只有在真正了解自己員工的基礎上，一名領導者才能做出正確的判斷。畢竟，正確的判斷總是來自於實踐和經驗。

領導者必須學會全心全力的體驗自己的企業。在那些沒有建立執行文化的企業裡，領導者們通常都不了解自己的企業每天在做些什麼。他們只是透過下屬的彙報來獲得一些間接性的資訊，但這些資訊都是經過過濾的 —— 在基本上受到資訊收集人員的個人因素，以及領導者自身的排程、個人喜好等因素的影響。領導者並沒有參與到策略計畫的實施當中，所以他們也無法從整體上對自己的企業產生全面性綜合的了解，而企業的員工們對這些領導者也並不是真正了解

博西迪和查蘭認為，實事求是乃是執行文化的核心，但對於大多數組織來說，裡面的員工都是在盡量避免或掩蓋現實。為什麼呢？因為實事求是的態度有時會使得生活變得非常殘酷。沒有人喜歡打開潘朵拉的盒子，人們總是希望能夠掩蓋錯誤，或者拖延時間來尋找新的解決方案。他們希望能夠避免對抗，大家都希望彙報好消息，沒有人願意成為製造麻煩、對抗上級的倒楣鬼。

企業的領導者也是如此，當我們要求領導者們描述自己企業的優點與弱點的時候，對方總是對自己的優點誇誇其談，而對於自己的弱點，卻總是諱莫如深。當我們問對方準備採取什麼措施來改進自己弱點的時候，答案總是含糊其辭。他們會說：「我們必須實現目標。」當然，你應該盡量達到自己制訂的目標，但問題是你準備採取什麼具體的措施。

如何使自己在做出任何決策的時候，始終把實事求是的態度放在首位呢？首先，你自己必須堅持實事求是；其次，要確保組織中在進行任何談話的時候，都把實事求是作為基準。

在現實的商業經營中，我們吃驚的發現，很多人在分析問題的時候都沒能採取實事求是的態度。因為這樣會讓他們感到不舒服。比如說，在接管聯信公司的時候，我發現員工和客戶對公司的評價截然不同。公司員工認為我們的訂單執行率是百分之九十八，而在客戶看來，我們的訂單執行率只有百分之六十。可笑的是，在面對這個問題的時候，大家似乎都沒有把關注點放在如何提高我們的訂單

執行率上面，相反，我們似乎認為客戶錯了，而我們的資料才是正確的。

執行型的領導者們通常更為關注一些每個人都能把握清晰的目標。為什麼只有「一些」呢？首先，所有懂得商業邏輯的人都明白這樣一個道理：把精力集中在三到四個目標上面是最有效的資源利用方式。其次，當代組織中的人們也需要一些明確的目標，因為這正是一個組織得以正常運行的關鍵。在傳統等級分明的公司裡，這並不是一個問題 —— 這些公司的人們一般都知道自己的任務，因為各種命令會透過一條清晰的鍊條直接傳達到每個人身上。而當決策過程被分散的時候，例如在矩陣型組織當中，各級相關人員就要進行一定的取捨和選擇。因為在這種情況下，部門之間將存在著對資源的競爭，同時決策權和工作關係不清晰的問題也在基本上增加了人們進行選擇的難度。在這種組織當中，如果沒有事先設定清晰的目標順序，各級部門之間在進行決策時很可能就會陷入無休止的爭論之中。

有些領導者宣稱「我已經設定了十個順序清晰的目標」，這些人其實並不知道自己在說什麼 —— 他自己根本不知道什麼是最重要的事情。

作為一名領導者，你必須為自己的組織設定一些順序清晰，而又比較現實的目標 —— 這將對你公司的總體績效產生非常重要的影響。

確立清晰的目標之後，你的下一個任務就是簡化。那些執行型領導者們的講話總是非常簡單而直接。他們能夠簡潔的闡述自己正在思考的問題和建議，而且他們知道如何對自己的想法進行簡化，從而達到使每個人都能很好的理解、評估和執行，並最終使這些想法成為組織內部的共識。有時為了明確目標順序，你需要徹底改變自己以往的視角。

如果沒有得到嚴肅對待的話，清晰而簡潔的目標並沒有太大意義。

很多公司都是由於沒有及時跟進而白白浪費了很多很好的機會，同時這也是執行不力的一個主要原因。想一下，你每年要參加多少沒有結果的會議 —— 人們花了很多時間進行討論，但在會議結束的時候卻根本沒有做出任何決策，更沒有得出任何確定的結果。每個人都對你的提議表示同意，但由於沒有人願意承擔執行的任務，你的提議最終還是沒有產生任何實際的結果。出現這種情況的原因有很多：可能公司遇到了其他更重要的事情；也可能大家認為你的提議並不好（也可能甚至是他們在會議當時就這麼認為，只是沒有說出來罷了）。

如果你希望自己的員工能夠完成具體的任務，你就要對他們進行相對的獎勵。這似乎是毫無疑問的，但許多公司卻沒有意識到這一點 —— 在這些組織當中，員工們得到的獎勵似乎和他們的表現並沒有任何關係。

無論是從獎金數額還是從股票期權的角度來說，它們都沒有在那些完成任務和沒有完成任務的員工之間做出明確的區分。

一位優秀的領導者應該能夠做到獎罰分明，並把這一種精神傳達到整個公司當中，否則人們就沒有動力來為公司做出更大的貢獻，而這樣的公司是無法真正建立起一種執行型文化的。你必須確保每個人都清楚的理解這一點：每個人得到的獎勵和尊敬都是建立在他們的工作業績上的。

作為一名領導者，你的成長過程實際上就是一個不斷吸取知識和經驗，乃至智慧的過程，所以你工作的一個重要組成部分就應當是把這些知識和經驗傳遞給下一代領導者，而且你也正是透過這種方式來不斷提高組織當中個人和群體的能力。不斷學習並把自己的知識和經驗傳給下一代領導者，這正是你取得今天成就的祕訣，也是你在未來能夠引以為榮的資本。

對其進行指導是提高別人能力的一個重要組成部分。我相信你肯定聽說過這樣一句話，「授之以魚，飽其一日；授之以漁，方可飽其終生」。

這就是培訓的意義所在。發號施令者和循循善誘者之間的區別也就在於此。優秀的領導者總是把自己與下屬的每一次會面看成是一次指導的好機會。

每個人都至少在口頭上認為一個組織的領導者必須具有強韌的性格。作為一名執行型領導者尤其如此。如果沒有我們所謂的情感強度的話，你根本就不可能誠實的面對自己，也無法誠實的面對自己的業務和組織現實，或者對人們做出正確的評價。你將無法容忍與自己相左的觀點，而這一點對於組織的健康發展其實是非常必要的。如果不能做到這一點，你就不可能建立起一種執行型文化。

要想獲得真實的資訊，你必須具有一定的情感強度，也就是說，無論喜歡與否，你都要面對現實。情感強度讓你有勇氣來接受與你相左的觀點，有勇氣去鼓勵和接受小組討論中出現的分歧。它將使你能夠接受和改正自己的不足，適當處理那些不能完成自己任務的下屬，並果斷的處理一個快速發展的組織中許多不可避免的問題。

領導者的行為將決定其他人的行為。一旦理解了什麼是社會軟體，你就會發現，那些根本沒有融入到企業日常經營當中去的領導者根本不可能對一個公司的文化產生決定性的影響。正如迪克．布朗所說，「一家公司的文化是由這家公司領導者的行為所決定的。領導者所表現或容忍的行為將決定其他人的行為。所以改變領導者的行為方式是改變整個企業行為方式的一個最有效的手段。而衡量一個企業文化變革的最有效的方法就是該企業領導者行為和企業業績的變化」。

為了把你的企業改造成一個執行型組織，領導者必須透過親身實踐以自己希望的行為和開放式談話方式來建立和強化本公司的社會軟體。透過不斷實踐，他將最終把這些行為習慣直接滲透到整個組織當中，從而最終演變成為該組織企業文化的一個重要組成部分。

比如說，有些領導者使用電話會議的方式作為一種經營機制來促進企業的文化變革，因為這種方式可以使人們以更加坦誠和現實的方式來進行對話，從而促使公司的高級領導以更加有效的方式進行決策。在這個過程中，領導者自身的行為，包括他與各級員工交流的方式，都塑造和強化了公司其他成員的信念和行為。

領導者在這些電話中進行的對話實際上展示了一幅能夠為整個公司所體會到的全域圖景。每個人都做好了充分的準備，他們能夠為公司下一段時期的工作提出自己的建議。透過對整個公司的業務進行討論（包括企業當前所面臨的外部環境），每個參與討論的人都能夠對本行業的總體趨勢、競爭情況、公司目前所面臨的問題等有更加深入的了解。如果他們能夠盡最大力量來幫助公司建立一種執行文化的話，這個資訊就會逐步傳播到整個組織，並最終在公司範圍內形成一種真正的執行文化。

如果整個公司都沒有一種執行氣氛的話，你能在自己的部門裡建立執行文化嗎？如果能的話，你豈不成了組織中的異類？不用擔心，只要你能從確切的實現利潤和收入的成長，你所建立的文化也就必將影響到組織的其他部分，從而你所建立的文化也自然就會成為大家所效仿的對象，而非竭力排擠的異類。

---

1. 對於企業領導者來說，學會執行將幫助你選擇一個更為強有力的策略。
2. 作為一名領導者，如果不知道如何去執行，你的所有工作都將無法取得預期的結果。
3. 執行的核心在於三個核心流程：人員流程、策略流程和經營流程。
4. 執行型的領導者會建立一個執行文化的結構，他會提拔那些能夠更快更有效的完成工作的人，並給予他們更高的回報。
5. 一個優秀的領導者應該能夠做到獎罰分明，並把這一精神傳達到整個公司當中，否則人們就沒有動力來為公司做出更大的貢獻，而這樣的公司是無法真正建立起一種執行型文化的。

《從優秀到卓越》吉姆·柯林斯

Good to Great *Jim Collins*

吉姆·柯林斯，他是遠近馳名世界的管理權威和商業暢銷書作家。他曾在史丹佛大學商學院任教，獲得該學院的傑出教學獎。他曾在默克公司、星巴克、時代明鏡集團、麥肯錫公司等世界知名公司任高級經理和 CEO。他的上一本書《基業長青》是一本經典的商業著作，盤踞《商業周刊》暢銷書排行榜長達五年之久，重印超過七十次，被譯為十六種文字在全球發行。

他的著作被《財富》、《經濟學人》、《商業周刊》、《今日美國》、《哈佛商業評論》、《產業週刊》、Inc 等雜誌廣泛報導，引起巨大反響。

《從優秀到卓越》這本書，描繪了優秀公司實現向卓越公司跨越的宏偉藍圖。柯林斯和二十一人的團隊經過五年研究，發現只有吉列、富國銀行等十一家公司實現了從優秀業績到卓越業績的跨越，他與那些未能實現從優秀到卓越的公司進行對照，分析實現這一跨越的內在機制。柯林斯認為「只要採納並認真貫徹執行，幾乎所有的公司都能極大的改善自己的經營狀況，甚至可能成為卓越公司」，因為從優秀到卓越的答案「不受時間、地域的限制，普遍適用於任何機構」。

全書共分為九章：

第一章：優秀是卓越的大敵。這是大多數優秀公司難以達到卓越的原因——安於現狀。首先，柯林斯介紹了沃爾格林公司。沃爾格林曾是一個不起眼的公司，而現在它的業績卻超過一些世界一流的公司。柯林斯借這個案例探索其

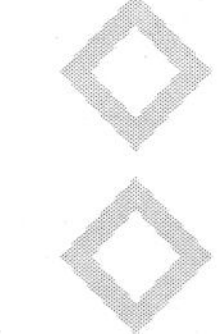

內在的本質以及完成這一轉變的關鍵。在資源配置相似、機會均等的條件下，為什麼沃爾格林能獲得跨越式的發展，而其同行如愛克德公司卻無法實現這一跨越呢？

作者在書中寫道：

「不是所有實現跨越的公司都面臨如同聯邦國民抵押協會一般的可怕危機，至少一半以上沒有，但是每一家實現跨越的公司在通往成功的道路上都是困難重重，經歷這樣或那樣的挫折。像是吉列公司面臨收購戰，納科爾公司面臨進口問題，富國銀行遭遇銀行業取消管理，皮特尼·鮑斯公司有失去壟斷的危險，雅培公司面臨產品撤銷，克羅格公司必須改變幾乎所有商店的經營模式等等。但在每一個案例中，他們的管理團隊都顯示出極大的心理承受能力。一方面，他們平靜的接受了殘酷的現實；另一方面，他們對自己堅信不疑，相信不論道路如何險阻，前途一定是光明的。」

作者把這種耐力稱之為「斯托克代爾悖論」。

然後柯林斯主要介紹了此項探索的過程，勾勒出作者的研究方法，並簡要說明取得的研究成果要點。用圖表對從優秀到卓越的框架進行了展示，有三個階段：訓練有素的人，訓練有素的思想，訓練有素的行為。每一個階段都包含了兩個關鍵的理念。環繞在整個框架周圍的是被稱作「飛輪」的理念，它囊括了從優秀到卓越全過程的整體特徵。指出優秀是卓越的大敵，這一現象並非僅僅是一個經濟問題，也是人類普遍面臨的問題。

第二章：第五級經理人，指的是在經理人能力的五層體系中，位於最高層的經理人。

在研究中，柯林斯並未刻意尋找第五級經理人或類似的東西，但是資料卻勢不可擋，極具說服力。《財富》五百強企業中只有十一家符合苛刻的標準進入作者的研究項目，這十一家實現卓越的公司的執行長的確是傑出的，但卻共同展現出第五級經理人的特徵。柯林斯強調這一理念是一個經驗性的，而非意識形態性的發現。

柯林斯認為，最完備的公司具有五級經理人體系。也只有具有五級經理人體系的公司才能實現從優秀到卓越的跨越。

(1) 第一級：能力突出的個人 —— 用自己的智慧、知識、技能和良好的工作作風作出巨大貢獻。(2) 第二級：樂於奉獻的團隊成員 —— 為實現團隊目標貢獻個人才智，與團隊成員通力合作。(3) 第三級：富有實力的經理人 —— 組織人力和資源，高效的朝既定目標前進。(4) 第四級：堅強有力的領導者 —— 全身心投入、執著追求清晰可見、催人奮發的遠景，向更高業績標準努力。(5) 第五級經理人：最高層的經理人 —— 將個人的謙遜品質和職業化的堅定意志相結合，建立持續的卓越業績。

最終找到實現跨越所需的領導人類型時，使人大為驚奇，震撼不已。實現跨越的公司領導人似乎是從火星上來的。不愛拋頭露面，沉默寡言，內向甚至害羞 —— 這些領導人都是矛盾的混合體：個性謙遜，但又表現專業。與其說他們像巴頓和凱撒，不如說他們更像林肯和蘇格拉底。

第五級經理人培養接班人，為公司以後取得更大的成功做好鋪墊；表現出一種令人折服的謙虛 —— 不愛拋頭露面，保持低調；被創造可持續業績的內在需要所驅動和感染 —— 為了使公司走向卓越，他們有決心做任何事，不管這些決定有多麼重大，多麼困難；表現出一種工人式的勤勞 —— 比起表演的馬，他們更像拉犁的牛；朝窗外看，把成功歸於別的因素，而非他們自己，當業績不佳時，他們看著鏡子裡，責備自己，承擔所有的責任。而對照公司的執行長們則相反 —— 成功時他們看著鏡子裡居功自傲，業績不佳時則向窗外看，埋怨別人。在近代史上最具破壞性的一種潮流就是選擇令人目眩神迷的名人做執行長，而不選擇第五級經理人。

第三章：先人後事，是擁有卓越公司和美好生活的關鍵。實現跨越的公司的領導人首先請進合適的人選，請出不合適的人選，並令合適的人選各就其位 —— 然後再考慮下一步該怎麼走。企業界有句老生常談：「員工是你最重要的資產。」其實不然，適合的人才，才是你最重要的資產。柯林斯原以為，實現從優秀到卓越的公司的領導人會從建立一套新構想、策略入手；然後找到合適的人選，朝新的目標推進。相反，柯林斯發現，他們首先引進合適的人選，找出不合適的人選，並使合適的人選各就其位，然後再考慮下一步該怎麼走。富國銀行的例子證明了這一點。柯林斯強調實現從優秀到卓越的公司組織結構是第五級經理人和管理團隊，而不是一個天才與一千個助手。實現從優秀到卓越的公司的管理團隊是由這樣的人員組成的：他們在尋找最佳方案上，會爭吵不休，但一旦作出決定，就會執行無誤，毫不計較個人得失。

對高層管理人員的激勵措施要注意重要的是給何人付酬，而不在於如何支付。柯林斯強調特殊的支付方式有助於一家公司走向輝煌。在管理上要做到嚴格但不冷酷無情，關於這方面作者總結出三條非常實用的原則：一、若無法確定，則寧缺毋濫保持觀望態度；二、一旦發現換人之舉勢在必行，就要當機立斷；三、傑出人才的作用在於抓住天賜良機，以圖發展，而非解決眼前的最大難題。

「人是最重要的資產」這句格言現在看來也是錯誤的。人不是最重要的資產，合適的人才是最重要的資產。衡量某人是否是「合適人選」，主要看內在性格特徵和天賦能力，而不是專門知識、背景或實際技能。

第四章：面對殘酷的現實（但絕不失去信念）。樹立這個觀念，是所有有志於實現從優秀到卓越的公司應該努力的目標。關於如何追求卓越，從當過戰俘的人身上學到的教訓，可能遠勝於討論經營策略的商業書籍所提供的內容。斯托克代爾將軍的經歷給了柯林斯極大的觸動。柯林斯講道，一個戰爭的倖存者，比任何一本關於公司策略的書更能教會人們如何找到一條通往卓越的道路。所有實現從優秀到卓越的公司都是透過面對殘酷的現實為起點，從而走向成功之路的。將公司從優秀領向卓越的首要任務，是創造這樣的一個文化氛圍。有四個基本注意點：一、多提出問題，少要求答案。二、要對話，要爭執，但不要強制。三、做徹底的事後分析，不要相互指責。四、建立「紅旗」機制，把資訊轉化成無法忽視的資訊。

每個實現從優秀到卓越的公司，都認同柯林斯所說的「斯托克代爾悖論」。

第五章：刺蝟理念。即只知道做一件大事，注重本質，而忽略其他。今天所稱的這個理念是那些實現從優秀到卓越的公司的菁英為公司努力建立的。他們在某種程度上都是刺蝟，他們運用自己的刺蝟本性使公司實現了從優秀到卓越的跨越。而那些領導者對照公司的人傾向於做狐狸，從來沒有獲得刺蝟理念的優勢，他們的思想是分散的、不集中的、不連貫的。

要從優秀公司蛻變成卓越公司，必須先克服「能力的緊箍咒」。這是核心事業 —— 只不過因為多年來，甚至數十年來，一直在做這門生意 —— 但不見得表示一定能做得比別人優秀。如果核心事業無法成為世界頂尖，公司就絕對不可能躍升為卓越的企業。

刺蝟理念是建立在對三個方面的理解，即三環：一、要明白你的經濟引擎的驅動力。二、要明白你的組織能夠在哪方面做得全世界最出色，而且同樣重要的是了解不能做得最出色的是什麼，以及「希望」在什麼方面做得最出色。三、要明白你對什麼充滿熱情。實現從優秀到卓越的公司，要求必須有一種取代理念，這種理念既簡單又能反映出對三環相交部分的深刻理解。獲得刺蝟理念是一個反覆的過程，理事會可以成為一個有用的工具。

刺蝟理念不是一個目標、策略或意圖，它是一種感悟。沃爾格林公司和愛克德公司競爭的案例強調了刺蝟理念的重要作用；雅培公司和普強公司對比的案例強調了「核心經營」與刺蝟理念的區別；菲利浦．莫里斯公司和 R．J．雷諾菸草公司的對比強調了熱情的重要；聯邦國民抵押協會和大西部金融公司的對比反映了要正確理解刺蝟理念。

第六章：訓練有素的文化，使公司實現了從優秀到卓越的跨越，並能保持輝煌的業績。所有的公司都有一種文化，有些公司訓練有素，但是有著訓練有素的文化的公司卻很少見。實現了從優秀到卓越的跨越的公司就是那些擁有訓練有素的文化的公司。雅培公司證實了這個重要發現。

持續輝煌的業績需要建立一種文化，使自律的人們採取規範的行為，並嚴格遵循三環理論。每一家公司都有自己的文化，當員工有紀律的時候，就不再需要層層管轄；當思考有紀律的時候，就不再需要官僚制度的約束；當行動有紀律的時候，就不再需要過多的掌控。結合了強調紀律的文化和創業精神，就能得到激發卓越績效的神奇力量。官僚主義文化源於補償員工能力和訓練有素的文化的缺乏，而能力和訓練有素的文化的缺乏源於用人不當，如果你用人得當，淘汰不合格者，就無須官僚主義。訓練有素的文化具有雙重性。一方面，需要人們遵守一貫制度，但另一方面，它給人們制度框架下的自由和責任。訓練有素的文化不只是涉及行為，還需要自律的人按訓練有素去思考問題，按規範做事。從優秀到卓越的轉變看上去單調且呆板，但深入考察後，發現公司員工都非常勤奮的工作，有執著的進取精神。

要取得持續效果，最重要的訓練有素的形式是堅持刺蝟理念，願意放棄一切違反三環理論的機會。組織越是嚴格遵守三環理論，近乎宗教信仰一樣，其發展和取得成就的機會就越多。哪怕是「千載難逢的機會」也要放棄，除非它符合三環理論。一個卓越的公司會有很多千載難逢的機會。實現從優秀到卓越的公司做預算的目的，不是決定每個專案投資多少，而是作為一種機制決定哪些領域最符合刺蝟理念，應該集中投資，而哪些領域根本不要投資。列出不能做的事項比起列出打算做的事項更重要。

作者強調不要混淆訓練有素的文化與暴虐的訓練有素的維護者這兩個概念。這是完全不同的概念，一個是功能性的，一個是非功能性的。救世主式的執行長單純透過個人權威進行訓練有素的文化規範，使公司無法長期維持下去。要取得持續效果，最重要的訓練有素的形式是堅持刺蝟理念，願意放棄一切違反三環理論的機會。皮特尼·鮑斯公司證明組織越是嚴格遵守三環理論，近乎瘋狂的堅持，其發展和取得成就的機會就越多。

第七章：技術加速器，這是實現從優秀到卓越的公司對技術的作用的理解。實現了從優秀到卓越的跨越的公司不把技術當作引發轉變的首要工具，但與之相矛盾的是，他們都是運用技術的先鋒作用。當然，這些技術都是精心挑選出來的。在和八十四位卓越公司主管的訪談中，百分之八十的被訪問者都沒有把技術列為轉變期內最重要的五大因素之一，這其中甚至包括像納科爾這樣以率先使用技術而聞名的卓越公司。由此作者得出結論：技術本身從來不是走向卓越或衰落的首要的、根本的原因。

對於科技所扮演的角色，「從優秀到卓越」的公司有與眾不同的想法。他們從來不把科技當成驅動改變的主要力量，但他們能開風氣之先，率先應用精選的科技。單單科技本身，永遠都不是企業卓越或衰敗的主要原因或根源。

技術是發展動力的加速器，而不是創造者。這個觀念與平庸公司截然不同。沒有哪一個卓越的公司在轉變初期就率先使用技術，然而一旦它們領略到技術如何服務於公司三環理論思想，並且在公司取得突破性進展之後，它們就成為技術應用的先驅者了。如何對待技術變革方向，卓越公司的驅動力來自一種將未實現的潛力轉變成實際結果的強制性衝動，它們所採取的行動通常是經過深思熟慮而且富有創造力，然而平庸公司的激勵則來自於對落後的恐懼感，因而它們變得被動，徘徊不前。

第八章：飛輪和厄運之輪。作者用它來形象描述了實現從優秀到卓越跨越的公司與對照公司對於轉變的感受，即說明累積到突破的力量。那些發起革命、推行激動人心的變革和實行翻天覆地重組的公司，幾乎都注定不能完成從優秀到卓越的飛躍。無論最終結局有多麼激動人心，從優秀到卓越的轉變從來都不是一蹴而就。在這一過程中，根本沒有單一明確的行動。宏偉的計畫，一勞永逸的創新，也絕對不存在僥倖的突破和從天而降的奇蹟，相反，這一過程酷似將一個沉重的巨型飛輪朝一個方向推動，一圈又一圈，積蓄勢能，一直到達突破點，並完成飛躍。

飛輪的一切都從第五級的領導者開始；接著，聘僱合適的人並且把合適的人安排在合適的職位上，解聘不合適的人使之離開公司 —— 這些都是早期累積階段中需要採取的關鍵步驟，同時也是飛輪旋轉的重要動力；接下來，要對刺蝟理念中有關三環思想有了一個深刻的理解開始推動飛輪朝你所理解的方向旋轉；形成訓練有素思想的訓練有素的人，採取訓練有素的行為，這就是進入突破階段的關鍵所在；還要記住技術加速器的觀念。總之，堅持不懈的將每一個觀念應用在公司整個機構中，推動飛輪累積起動量，最終將實現突破。

對照公司遵循著一個截然不同的模式，「厄運之輪」。他們設法略過累積階段直接跨到突破階段。然後失望時，他們又搖擺不定翻來覆去的改變飛輪轉動的方向。對照公司常透過大量的收購行為來設法創造突破；而卓越公司基本上只有在突破實現以後才開始大量收購，為原本已經旋轉得很快的飛輪加速累積能量。

作者談到應付華爾街的短期壓力與遵循飛輪模式的做法是一致的。飛輪效應與短期壓力的克服並不矛盾。實際上，它是應付壓力的關鍵所在。

第九章：從《從優秀到卓越》到《基業長青》。這是接著在實現突破後，面臨的一系列嶄新的挑戰：如何加速能量累積以實現日益成長的期望值，如何確保飛輪在未來的日子中持續不斷的旋轉；即如何從卓越的公司轉變成持久卓越的公司。完成這一最終的轉變需要核心價值和一個超越盈利的目的，再加上一個保持核心或激勵進步的關鍵動力。

作者覺得《從優秀到卓越》不是《基業長青》的續篇，而應該是它的前傳。《從優秀到卓越》是講如何將一個優秀的企業，轉變為一個能持續創造非凡業績的卓越企業，而《基業長青》則是講如何管理一個卓越企業並使其具有非凡的氣質並歷久不衰。在這最後一章，作者將兩本書的研究成果做了充分的聯繫。

不管遭遇什麼困難，必須堅信自己一定能夠並最終會獲勝；與此同時，不管現實有多麼殘酷，都必須具有與之對抗的素養。它的兩個方面要統籌兼顧，不可失之偏頗。克羅格公司和 A&P 公司的表現足足證明了這一點。

一方面有嚴格的紀律，勇於面對眼前最殘酷的現實，但同時抱著絕不動搖的堅強信念，不管遭遇多大的橫逆，都相信自己一定能堅持到最後。每個實現跨越的公司，都認同我們所謂的不管遭遇什麼困難，必須堅信自己一定能夠並最終會獲勝；與此同時，不管現實有多麼殘酷，都必須具有與之對抗的素養。

---

1. 實現跨越的組織在看待技術以及技術所帶來的變革時，有著與平庸公司截然不同的觀點。實現跨越的組織避免對技術的盲目狂熱和追趕潮流的做法，但它們精心挑選技術，成為應用這些技術的先驅。
2. 技術本身絕不是公司卓越或是衰落的主要根源。「從爬行到行走到奔跑」是一個很有效的方法，即使在重大而急劇的技術變革時期也不例外。
3. 可堅持到底的轉變總是遵循一個能夠預測的模式從累積到突破。要想推動一個龐大而又沉重的飛輪旋轉終歸需要花費很大的力氣才能做到，但是在一段很長的時間內，堅持不懈的推動飛輪朝同一個方向旋轉，飛輪就會累積起動量，最終實現突破。

4. 實現從優秀到卓越的公司的決策者們通常在轉變過程之中並不能意識到轉變的偉大意義；只有事後回顧時，轉變的偉大之處才變得明顯起來。人們沒有賦予轉變任何名稱，沒有標籤，沒有剪綵活動，也沒有方案去表明他們到底在做什麼。
5. 實現從優秀到卓越的公司的領導者從不花費精力設法結盟、提高士氣或應付變化。在正常的情況下，有關承諾、結盟、激勵和變化的問題在基本上可以自行解決。結盟主要是建立在結果和動量的基礎之上，而不是相反。

《為未來而競爭》
加里・哈默爾、C.K. 普拉哈拉德

Competing for the Future

Gary Hamel and C.K. Prahalad

C・K. 普拉哈拉德，密西根州大學商業管理研究院哈威・C・弗里赫夫講座的商業管理教授。與 INSEAD 的伊維斯・多茲合著了《多國使命：平衡的區反應和全球遠景》，是包括AT&T，Motorola和Philips等多家大公司的諮詢顧問。

加里・哈默爾，倫敦商學院策略與國際管理的訪問教授。加利福尼亞的伍德賽德是他的工作基地。

他擔任了包括 EDS，Nokia 和 Dow 等大型企業的諮詢顧問，同時是 Strategos（一家全球性策略諮詢公司）的主席。

加里・哈默爾和 C・K・普拉哈拉德發表在《哈佛企管評論》上的文章「策略意圖」和「與核心能力競爭」贏得了麥金西大獎。「企業的核心能力」成為《哈佛企管評論》史上重印冊數最多的文章之一。

哈默爾和普拉哈拉德認為策略被塞進了緊身衣裡，緊身衣還在不斷的收緊。他們寫道：「組織裡從事策略工作的人以及理論家，他們中的絕大部分，也許百分之九十五，是經濟學家和工程師，在策略問題上，他們不約而同的採用了機械方法。我們呼喚視角深遠、新穎的洞察，呼喚神學主義者和人類學者。」

哈默爾和普拉哈拉德據理力爭，認為策略是一個多面體，它既帶感情色彩，又有章可循，它的分析對象是意義、目的和情感。策略是學習和發現的過程，但人們往往不把它當作學習過程來看待，這是一個不小的盲點。

「正在出現的競爭現實」要求我們的眼界更為寬闊。在這樣的現實中，轉型的任務不只落在某些組織的身上，整個工商界都責無旁貸。把這樣的目標置於前景中有失莽撞。

哈默爾和普拉哈拉德觀察到，關於此話題的所有研究和書籍中，策略制訂的理論是一片空白。管理人員發現，策略政策後，真正的問題不在於策略的制訂，而在於如何實施。

哈默爾和普拉哈拉德說：「我們都熱衷於簡單的事物。我們相信我們可以用『5F（Forces）或 7S』來概括策略的內容。但這樣是行不通的，策略帶著非常強烈的感情色彩，它對各方面都有很高的要求。雖然它已被改頭換面，成為一種儀式或每年一次的活動，但這並非它的本來面目。我們設立的標準太低了。」因此，當前困擾經理人員的根本原因是 —— 他們只花不到百分之三的時間來籌劃未來。

他們提倡公司少說「策略」或「計畫」，多談「策略化」，並思考「發展複雜多樣化、健康茁壯的策略的先決條件是什麼」。新一代經理人員的行話，如「策略意圖」，「策略建築」，「先見之明」（而不是遠見卓識）和關鍵的「核心能力」等等思想都含有「策略化」的成分。

哈默爾和普拉哈拉德給「核心能力」所下的定義是：「一門博採眾長的學問，尤其是如何協調各種生產技巧，如何匯總各條技術分流。」他們號召組織把自己視為核心能力的組合，而不是經營公司的組合。前種形式會自我調整以適應成長的「機會份額」；而後種形式只片面的注重市占率，除了市占率以外，還是市占率。

哈默爾和普拉哈拉德的策略之道不偏不倚，介於兩種極端之間。即一種極端堅持認為任何策略都需得到源源不斷的資料支援；另外一種極端則是「亂世英雄」派，他們相信組織的車輪無拘無束，策略無定式。

他們總結到，小企業化的解決方法不能帶來組織的再生。

他們天馬行空，缺乏效率，彼此雷同，容易擱淺。但這並不意味著他們不會改變整個工商界的外觀。

他們認識到了歐洲企業界的新生力量，如宜家家居、柏地百貨、斯沃琪手錶和唯真軟體等帶來的革命性衝擊。但真正的挑戰是你如何能在自己還很健康、強壯的時候發動自身革命。為什麼美國公司，例如摩托羅拉和惠普公司的業績較歐洲同行傲人，部分原因出在這裡。

傳統文化在其中起了一定的作用。我們正朝更為民主的組織模式邁進，美國企業看起來與民主組織更協調點。在歐洲和日本菁英論更占上風，他們認為所有的知識都為高層擁有；按照資歷，而不是按照創造力，排定等級高低。有些人有半輩子的工作經驗可還是很膚淺。

企業痴迷於規模縮減，這被他們稱為「企業厭食症」，對此，他們一直持批評的態度。他們總結出一條黃金定律：「當公司規模縮小的速度超過它完善的速度時，它會丟掉今天的生意；當公司只顧完善自己，但不做任何變更時，又會讓它丟掉明天的生意。」「沒有什麼東西比一名年屆花甲的執行長手中的優先認股權更短命的了。」

公司成長（他們更喜歡談生命力）的力量源自更新換代。

為了防止誤解，他們補充說道：「朝著成長的目標前進時，人們會使用各種各樣的辦法，其中有些是愚蠢的，縮小規模就是愚蠢的辦法之一。你可以與別的組織合併，但兩個醉鬼加起來也成不了一個頭腦清醒的人。」組織的「第二十二條軍規」是：危機啟動生機 —— 文學的發展就是明證，每經歷一次歷史重大轉折，文壇總會綻放新蕾。哈默爾和普拉哈拉德相信生命力是內在的，這比較可信。只要管理人員願意傾聽：「去公司問問，上一次由二十出頭的小夥子給董事會上課是什麼時候的事情了。」許多人覺得不可思議，公司願意花百萬鉅款請麥金西二十九歲的聰明人給他們出主意，他們自己的二十九歲的年輕人怎麼啦？

諸如此類的問題大部分還沒有答案。加里．哈默爾和 C．K．普拉哈拉德，馬不停蹄的往前走：「策略的內容又有了新話題。當務之急，我們需要反思策略的過程。」

近些年，很多公司的痛苦劇變反映了一些企業領導沒有趕上工業變化步伐不斷加快的情況。幾十年來，在西爾斯公司、通用汽車公司、IBM 公司、西屋公司、大眾汽車公司及其他一些公司發生的變化都或多或少表現為對過去的直線性推進，如果速度上不是真正緩慢的話。這些公司是由管理人員而不是領導者、是由工程師而不是設計師來經營的。

如果不是未來掌控著高層管理人員，那又是什麼？重組和重建這兩者都是合乎常規的重要任務。它們在支持今天業務的聯繫上要比與建立明天企業的聯繫更多。任何一個邁向未來的現有企業，我們都能觀察到其結構、價值、技能與企業現實日漸不協調，這種行業變化步伐與公司變化步伐之間的差距會引起公司組織轉換。

一個公司組織教育的議程一般包括縮小規模、減少經常費用、授權員工、重新設計程序、資產組合合理化。當一個個現實問題（例如：成長停滯、邊際收益下降、市占率降低）不能再被忽視時，大多數行政人員就開始進行痛苦的重組工作。他們的目標是消除公司的臃腫部分，並削減掉低效經營的業務。

隱藏在改變重點和消除雜亂規模適度（為什麼「適度」規模總是較小）這些要領背後的實質是重組的結果總是使員工減少。一九九三年美國大型公司宣布近六十萬人失業，比一九九二年還高百分之二十五，比一九九一年多百分之十（該年美國經濟衰退到谷底）。許多歐洲公司試圖延長自己的結算日期，但是膨脹的薪資總額以及失控的薪水成本使得他們感到不堪重負。

儘管有全球競爭加劇及生產率提高的技術因素作為藉口，但美國大型公司的大多數人的失業都是由高層管理人員的失誤造成的，這些管理人員在前進的車輪邊熟睡，耽誤了邁向未來的腳步。

在沒有成長或成長緩慢的壓力下，公司很快發現不可能支援他們迅速成長員工、原有的研究開發預算及投資專案。低速成長常伴隨著經常費用的膨脹和進入不相關的多樣化業務以及由於忠實的保守職員的麻痺大意，股東們向停滯不前的公司發出的明確指令是：「把公司變得精簡有效」，「提高資產價值」，「回到基本原則上去」。這是不足為奇的。在大多數公司中，所利用資本的收益、股東的價值及每位員工的收入就成了衡量高層管理人員業績的首要標準。

儘管重組是不可避免的，或在很多情況下是值得稱讚的，但是在效率的名義下，重組畢竟破壞生活、家庭以及社區團隊。既然不可能就這樣的目標展開爭論，一心一意追求這些目標引起的競爭又有好有壞，那就讓我們對此做些解釋吧。

想像一下，當一個 CEO 沒有完全意識到，如果他或她沒有有效的利用公司資源時，其他人就會擁有這個機會。此時管理人員開啟了提高投資收益的巨大項目。現在 ROI（淨資產收益率或所用資本收益率）由兩個部分組成：分子 —— 淨收入；分母 —— 投資，淨資產或所用的資本。為了擴大分子，高層管理者就得意識到哪裡存在新的機遇，他必須能夠預測不斷變化著的顧客需求，必須為滿足新的需求進行投資等等。在快速改善 ROI 的巨大壓力下，管理人員就只得啟用達到最快、最可靠結果的槓桿 —— 分母（即投資）。

美國和英國已培養出一整代善於使分母變速的管理人員。他們能縮小規模、消除雜亂，並比任何其他經理消除得更好。甚至在當今縮小規模浪潮之前，美國及英國公司平均說來仍是世界上資本生產率最高的公司。分母管理是會計師提高資本生產率的捷徑。

公司走向未來不僅要爭取第一，還要爭取成本最低。但是，生產率的提高不止一條途徑。正像任何一家既減少分母又保持收益的公司將提高生產率一樣，任何一個公司能在緩慢成長或不變的資本及員工基礎上成功的增加其收益，它也會取得生產率上的收益。

壓縮規模試圖矯正過去造成的錯誤，而不是去開拓未來的市場。但是，逐漸縮小規模還遠遠不夠，人們認識到重組是死路一條，於是，精明的公司轉向重建。重組與重建的不同在於，後者至少有希望變得更好、更有效，雖然並非總是這樣。然而在許多公司中，重建與其說能夠實現領先，不如說是在不停的追趕著。

僅僅趕上競爭對手日本還遠遠不夠。在一九八〇年代末的一項調查中，美國接受測驗的管理人員中有近百分之八十的人認為，品質將是二〇〇〇年競爭優勢的基本源泉。但日本管理人員同意這種看法的卻不到百分之五十，他們的首要目標是創造新產品、開拓新業務。這是否意味著日本管理人員不再重視品質？當然不是。它僅僅表明到二〇〇〇年，品質將是市場進入的價格，而不是競爭的鑒別者。日本管理者意識到明天的競爭優勢將不同於今天，底特律能否在下一個競爭回合中贏得勝利並生產出令人高興的、節能可靠的汽車，仍需拭目以待。

我們遇到很多高層管理人員，他們建立優勢的議程仍然是品質、進入市場的時間以及顧客的反映。儘管這些優勢是生存的前提條件，但他們卻不是管理者有遠見的證明。雖然管理人員試圖從模仿中獲得長處，美其名曰「適應性」，他們所需適應的東西卻通常是更有想像力的競爭者先發制人的策略。

看看全錄公司吧！在一九七〇年代和一九八〇年代，全錄公司交出了大量的市占率給日本競爭者，諸如佳能公司和夏普公司。在認識到該公司處在被遺忘的角色，全錄公司以基準問題測試它的競爭者，並從根本上重建了自己的程序。在一九九〇年代早期，該公司就成為如何降低成本、提高品質以及滿足顧客的教材範例。但在所有這些所談及的新「美國武士」中，忽視了兩個問題。第一，雖然全錄公司制止了自己的市占率被侵蝕，它卻沒有重新奪回喪失給日本競爭者的市占率，佳能公司仍然是世界上最大的影印機生產商。第二，佳能公司雖然在雷射影印、網路、符號計算以及攜帶式電腦的研究上領先，但它卻沒有在影印機的核心業務之外開闢其他新型業務。全錄公司雖然可能像我們今天所知道的那樣發明了辦公軟體，但該公司實際上卻沒有從此發明中取得任何利潤。

事實上，全錄公司因未能充分利用創新而將更多的錢丟在了桌上，在這一點上可能比公司有史以來遺失的錢還多。為什麼？因為為了開闢新的業務，全錄公司不得不重新制訂其核心策略：界定提拔管理人員的標準，辦公室用於衡量成功的標準等等。一個公司變小大於變好時，就意味著它要讓出今天的業務。一家公司在沒做改變就變得更好時，它就要讓出明天的業務。

我們遇到很多自稱是「市場領導者」的公司（只要在消除市場界限上有足夠的創造性，幾乎任何一家公司都能夠自稱是市場領導者），但是，今天是市場領導者並不等於明天也是市場領導者。如果公司高層管理人員沒有機會使公司保持市場領導者的地位，那麼公司今天占優勢的市場很可能在未來的十年中發生巨大的變化。實際生活中，根本就沒有「持續」領導這種事，取而代之的是不斷的創新。

組織轉換必須按企業未來的觀點進行，在五年或十年裡我們如何建構這個企業？我們必須做些什麼才能確保企業以最有利的方式發展？如果我們要在未來占據該行業的最高點，現在就應開始培養什麼技術或能力？對於在當前業務公司和部門界限內不完全適應的機構，我們該如何組織？由於大多數公司並不是從公認的未來觀開始的，高層管理人員的第一任務是開發一個程序，將組織內的團隊智慧融合在一起以用於關心未來，意識到哪裡有機遇以及理解組織變化並不是任何群體的職責。一家透過開發一個程序建立未來觀的電子資料系統（EDS）公司，

一九九二年，它的電子產品銷售額達到八十二億美元，創下了連續三十年盈利的紀錄。由於它看準了電腦服務對外採購的日益成長的需求，EDS 公司期望在二〇〇〇年成為至少有兩百五十億美元的公司。

但是，一些高層管理人員，包括主席萊斯特・艾爾伯薩卻是這樣預測問題的：①公司的利潤來自於新競爭者的巨大壓力，例如安德遜諮詢公司。②顧客需要在其長期服務契約中有很大的折扣。在美國處於前線的 IT 使用者中找不到新顧客，未來的業務需求將是桌上電腦，而不是 EDS 公司專營的主要商品。③大多數令人振奮的新資訊網路服務將集中於家庭，而不是辦公室。

公司的高層官員，即領導理事會得出的結論是，EDS 公司也像任何其他企業一樣免除不了「大公司病」。理事會成員有必要為一九九〇年代及未來重建領導層。

正如已經發生的那樣，公司中其他人也在考慮同樣的問題。早在一九九〇年，一小群 EDS 公司的管理人員（其中沒有一個是現任的公司官員）他們已構想了公司變革策略。儘管他們沒有官銜，隊員都認為 EDS 公司需要重新考慮其方向及深層的假設條件。他們很快認識到，無論從時間還是智力來看，都比一個小隊所能提供的要多。

EDS 公司的新策略可以概括為三個詞：全球化、資訊化及個體化。

該策略建立在公司競爭力基礎上，能利用資訊技術進行地理上、文化上及組織上的擴張，能幫助顧客把資料轉化為資訊，資訊轉換為知識，知識再轉化為行動，能夠按顧客要求批量生產，按顧客要求批量提供資訊服務及資訊產品。

為未來開發這個策略的程序充滿了挫折、驚奇、意外，這是一個複雜的系統性工程。兩千人參與制訂 EDS 公司新策略，近三萬人投入到這次行動中，而且三分之一以上的時間投入都是在公司正式業務時間之外。

EDS 公司透過這一程序，形成了一個與十二個月前相比更廣闊、更有創造性、更有預見力的產業觀。這個觀點不僅為一些技術專家或公司幻想家所擁有，而且為每個 EDS 公司高層管理人員所擁有。那些參與這個過程的人們認為這種成果既要歸功於領導發展，又要歸功於策略開發。

像 EDS 公司那樣創建未來需要產業遠見。我們為什麼討論的是遠見而不是幻想？因為幻想含有幻景的意思，產業遠見的含義要比靈感豐富得多。產業遠見建立在對一些趨勢深刻觀察的基礎上，對技術趨勢、人口趨勢、法制趨勢以及生活方式趨勢的觀察，綜合之後重新制訂產業原則，開拓新的競爭空間。理解這些趨勢的內涵，需要創造性和想像力，任何沒有堅實基礎的「幻想」很可能是荒謬的。

假如變化是不可避免的，那麼管理人員的真實問題是，這種變化是在危機的環境下姍姍來遲，還是以平靜熟悉的形式發生；轉換的議程是被一些更有遠見的競爭者決定還是按自己的觀點決定。

形成一個未來觀是需要在一個公司之內由連續性的爭論所維持的一項持續的工程。不幸的是，大多數公司只注重重組，只有在不能制止公司衰退的時候才去考慮重新制訂策略和重新塑造他們的企業。為了超越產業變化曲線，為了有機會進行不流血的革命，高層管理人員必須認識到：他們公司真正的重點是競爭未來的機遇。

---

1. 核心能力是一門博採眾長的學問，尤其是如何協調各種生產技巧，如何匯總各條技術的分流。

2. 在現實中，小公司往往能夠成功的處理與大型組織的夥伴關係。
3. 一百次失敗才能換來一次成功。
4. 任何一個邁向未來的現有企業，我們都能觀察到其結構、價值、技能與企業現實日漸不協調，這種行業變化步伐與公司變化步伐之間的差距會引起公司組織轉換。

《基業長青》吉姆·柯林斯、傑里·波拉斯

Built to Last　　　　*Jim Collins and Jerry I. Porras*

吉姆·柯林斯曾任教於史丹佛企管研究所多年，並榮獲史丹佛傑出教授獎，一九九五年在美國科羅拉多州的博多設立了自己的企管研究實驗室。多年來，他曾經擔任默克藥廠、星巴克、嬌生、時代集團等數百家企業的顧問之外，也成為許多非營利組織諮詢的對象，包括約翰霍普金斯醫學院、彼得·杜拉克非營利管理基金會和美國前副總統戈爾的政府改造會議都曾向他請教。柯林斯在當代企管大師中，素以研究嚴謹而著稱，《經濟學人》、《財星雜誌》、《哈佛商業評論》、《商業周刊》等著名財經雜誌都曾深入報導他的研究及理論。

傑里·波拉斯是史丹佛大學商學研究生院組織行為與機構改革「弗雷德·梅里爾講座」教授。他著有《潮流分析》一書，與人共同發明了潮流分析電腦軟體，用於分析判斷機構改革情況。他還負責舉辦史丹佛大學機構改革經理研修班。以前，他曾在奇異電氣公司和洛克希德公司任職。

全書有數百個具體的例子，並被組織成了緊密的實用概念框架，能夠適用於各個層次的經理人與創業者。《基業長青》為建立在二十一世紀長期繁榮的組織提供了一個宏偉藍圖。

作者吉姆·柯林斯和傑里·波拉斯，美國史丹佛大學兩位著名學者，經過為期六年的密切合作和深入研究，把公司組織管理放在一個發展和經營行為的框架背景下討論，並對此做出精闢透澈的分析，為讀者提供了不可多得的理論與實踐上的指導。

《基業長青》吉姆·柯林斯、傑里·波拉斯

依仗作者本身的深入淺出的行文及譯者扎實的理論與文字功底，這部非常流暢的作品僅僅以二十多萬字的分析就擊碎了一系列關於企業成功的陳舊觀念與神話，提供了一套系統而新穎的見解。由於分析的精闢及視角的獨特，閱讀變成了一個不斷享受思維洗禮的快樂過程。

全球範圍的科技進步與經濟一體化的迅速浪潮，使當今的世界越來越呈現出瞬息萬變、競爭劇烈、創新不斷的時代特點。要想成功，要想贏得未來，就必須在理論上、思想上有超前的探索和認識。幾百年來，經濟活動領域中商品和資本經營的主體公司（企業）一直發生著各種劇烈的變化，這種變化到了今天尤為激烈，人們對於公司治理和企業管理問題的探討也歷久不衰。

每一個企業，不論是歷史悠久的跨國大公司，還是嶄露頭角的新興小企業，都需要不斷的進行變革，才能保持旺盛的生命力，在激烈競爭的市場中始終立於不敗之地。但遺憾的是，目前市場上關於企業管理的書籍紛繁蕪雜，但是讓讀者用起來得心應手的卻鳳毛麟角，他們所面對的往往是一些令人迷惑而又相互衝突的理論、方法和訣竅。有的管理書籍內容深奧、用詞晦澀，根本看不懂；有的管理書籍一看就懂，可是一用就糊塗，讓人搞不清楚是自己太笨還是管理學太玄虛。而《基業長青》一書正是旨在為你解決這些問題。對於大多數企業管理書籍來說，《基業長青》是顛覆性的，雖然作者不斷強調「我們的研究和其他作品相通」。確實，《基業長青》系統闡述的理論觀點中的一點或者幾點可以散見於其他管理類書籍中，但是作者在對自己多年的企業研究構建框架時，在內容和形式上擁有了一部革命性著作所具備的幾乎一切特點，是理想主義與現實主義的完美結合。該書生動的介紹了美國一大批被稱為「高瞻遠矚」公司的成功經驗，這些經驗，對於正處於入世背景下的眾多急需提高管理水準的企業來說，不啻於一場「及時雨」。

書中選取了十八個卓越非凡、歷久不衰的高瞻遠矚公司，將這些公司與他們的主要競爭對手進行直接對比。他們確定高瞻遠矚公司的標準是：所在行業中第一流的機構、廣受企業人士崇敬、對世界有著不可磨滅的影響、已經經歷很多代的 CEO、已經經歷很多次產品（或服務）的生命週期，而且在一九五〇年前創

立。根據這六條標準，他們選定的公司有：國際商用機器公司、奇異電氣公司、寶鹼公司、摩托羅拉公司、惠普公司、索尼公司等十八家。另外還選擇了十八家公司（包括通用汽車公司、高露潔公司等知名大公司）進行對照研究。作者審視了每一家公司由最初創建到今天的歷史：創業型企業 —— 中等公司 —— 大型公司 —— 跨國集團。自始至終，他們試圖回答這樣一個問題：是什麼使那些真正卓越的公司與眾不同？奇異電氣、IBM、默克、沃爾瑪、惠普、寶鹼、摩托羅拉、波音、沃爾特．迪士尼和菲利浦．默里斯等著名公司的成功案例，當然成為人們極須了解的樣本。

在這本令人耳目一新的作品中，作者並沒有堆砌許多專業術語和時髦名詞，但卻透過大量生動的案例剖析揭示了傑出卓越公司的成功之道。這本書最值得稱道的是，它沒有絲毫譁眾取寵的態度，而是老老實實的透過分析和歸納得出一些真正實用的道理，同時澄清了許多「盲點」，比如：在企業管理者的固有認知中，像偉大的公司靠偉大的構想起家、高瞻遠矚的公司需要傑出而目光遠大的魅力型領導者、最成功的公司以追求最大利潤為首要目的、高瞻遠矚的公司擁有共通的「正確」價值組合、唯一不變的是變化、績優公司事事謹慎、高瞻遠矚的公司是每一個人的絕佳工作地點、最成功的公司的最佳行動都是來自高明、複雜的策略規劃、公司應該禮聘外來的 CEO 才能刺激根本變革、成功的公司最注重的是擊敗競爭對手、魚與熊掌不能兼得、公司的高瞻遠矚主要依靠「遠見宣言」等等這些對公司管理根深蒂固的認知……這些有關企業的不真實的迷思非常容易誤導公司的實踐。

作者透過分析得到自己的結論，企業家「致力於創造一個能夠自行進化和變革的組織」；「他不是發明家，而是以人為藍圖的建築師。」他認為，偉大的企業都懷有「務實的理想主義」。這種理想主義和企業的核心價值觀，能夠為企業擺脫眼前的泥沼，迎來長久的發展。

作者另一個有趣的觀點，恰恰與目前美國大公司的醜聞案相關。這個觀點是：「想以聘請外賢擔任最高經理人以成為高瞻遠矚公司並保持這種地位，極為困難；同樣重要的是，從內部提升和刺激重大的進步絕對沒有衝突。」作者的結論「培養內部接班人，保證企業核心價值的傳承，對企業的長久發展至關重要」，無疑值得我們認真思考。

《基業長青》並不複雜，全書的主要內容，也即是高瞻遠矚公司的成功經驗，可以表述為如下幾個方面：

1. 做造鐘師，也就是做建築師，不要做報時人。
2. 擁護相容並蓄的融合法。
3. 保存核心，刺激進步。

這是作者歷時五年，搜集分析了七百位全球五百強的工業與服務公司和對五百強的上市與未上市公司 CEO 的調查，從組織規劃、社會因素、有形分布、技術、領導人、產品與服務、展望、財務分析及市場與環境等九個維度，對高瞻遠矚的傑出公司和與其對照的公司進行全面剖析的結果。這四點成功經驗之間有著內在的邏輯聯繫，「造鐘」的原理，即企業制度和文化的設計思想，就是企業的核心理念，企業要使「鐘」持續的自動運轉，就必須堅守自己的核心理念，而為了適應不斷變化的市場環境，企業必須進行各種創新，不斷進步，這就是「保存核心，刺激進步」。要達到這個目的，必須採取一系列的手段。

市場經濟條件下，企業生存和發展的基礎是企業的競爭力。企業短期的競爭力依賴財務周轉的能力（資金），中期的競爭力則必須擁有良好的服務與產品（技術），長期競爭力則要依靠公司的各級管理者和員工（人才）。因此，能夠凝聚共識的高效能管理團隊和員工團隊是企業永續經營最重要的資源。

市場經濟中，土地、技術、資本都是死的資源，他們是不能自行升值的，只有人是活的資源，是一切價值創造的真正源泉。因此能力卓越、態度忠誠、能夠為公司發展貢獻力量的人，無疑是公司最重要的財富。

企業如何才能聚集到優秀的人才？從另一個角度說，就是如何營造一個有利於吸引人才加盟、培養人才成長，有利人才發揮才能的環境。《基業長青》研究了高瞻遠矚公司的成功案例，得出了結論：優秀的企業管理者要「造鐘」而不是「報時」。書中把優秀的管理者稱為「報時員」，把企業不斷產生優秀人才的機制稱為「時鐘」。

因此，企業要歷久不衰，就必須建立一套基於組織而不是基於企業家個人的機制，也就是在組織的層面建立一套不斷吸引優秀人才，不斷培養優秀人才的機制。即把企業打造成一臺自動運轉的「時鐘」，這臺「時鐘」能夠不斷的自動「報時」。對此，《基業長青》總結道：「高瞻遠矚公司和對照公司最大的差別不是領袖的素養，而是優秀領袖的一貫性。」又寫道：「高瞻遠矚公司的成功因素是來自於深植於組織裡的基本程序和根本動能。」這裡的「基本程序」就是企業的基本制度和流程。「根本動能」就是不斷追求卓越、永不滿足的企業文化。而所謂機制就是制度、流程、文化的總和。

企業何以造出這樣的「時鐘」，建立這樣的機制呢？機制不是憑空產生出來的，企業的文化、組織、制度不是無源之水、無本之木。任何制度、任何文化都有其背後的理念支撐，我們必須去探求機制背後的觀念，即這種機制的設計思想，「造鐘」的原理，「造鐘」的思路。也就是企業的核心理念，正是因為有了這些核心理念，企業才有了理念演繹出來的文化、組織和制度。

作者的注意力是非常集中的，在蕪雜的企業運行實踐中過濾出精髓不是一件容易的事情。但是由於作者的參照是合理且科學的，從而使得他們的分析建立在一個清晰的緯度中，至少在他們的表述看來是這樣的。在對他稱之為「高瞻遠矚」的公司的分析中，一個企業的長遠發展的基礎是：保存核心和刺激進步的根本動力。它們是行業菁英，雖然傑出但是紀錄並非完美無缺，它們擁有強大的從逆境中恢復的能力，它們不僅僅創造了長期的經濟報酬，而且已經融入社會的結構中。而這些公司的「基礎」，也類似於我們在對企業分析時所使用的「核心競爭力」。在這樣的前提下，我們對於「核心和刺激進步」也許並不陌生。但不同的是，作者對這兩點近乎偏執的堅持以及由此決定的一系列令人耳目一新的論點，不同凡響。

作者尤其指出的是，即使企業的經營者認為實現本書所分析的任何一章經驗就出現一家高瞻遠矚公司是不可能的，僅靠核心理念，不能造就高瞻遠矚的公司；僅靠追求進步的驅動力或者膽大包天的目標做不到，自主性的演進和企業精神也不行；僅靠自行培養的經理也不能產生高瞻遠矚的公司；像教派一樣的文化、永遠不自滿的觀念一樣不行。一家高瞻遠矚的公司就像一件偉大的藝術品，你無法指出是哪一點使得整個作品如此完美，倒是整個作品 —— 所有細節協調一致創造出來的整體效果 —— 造就出經得起時間考驗的偉大特質。

毫無疑問，作者的哲學思辨能力是出色的，追隨實踐的能力也同樣傑出。

這一點不僅僅展現在圍繞以上四點核心觀點展開的系統理論分析方面，而且在每一章後全部附有的「CEO、經理人與創業家指南」中展現得淋漓盡致。在我們的理解中，「CEO」與「經理人」與「創業家」是完全不同的三類企業工作者。針對同樣的理論，他們的所求未必相同，往往很多適合於「資深主管」的理論分析未必適合「創業家」。但是本書的作者把自己的理論分析印證於實踐，對三類企業工作者分別提出了很多大膽而且中肯的對應意見。

企業的核心理念是企業固有的屬性，是一個企業區別於其他企業最根本的特徵。正如書中所說：「核心價值是一個組織歷久不衰的根本準則，即少數幾條一般的指導原則，不能與特定的文化或作業方法混為一談；也不能為了財經利益或短期權益而自毀立場。」

企業的核心理念一般包括兩個主要的方面：企業的使命和企業的價值觀。

企業的使命是指一個企業對自己終極目的的規定性。企業的使命闡明企業組織的根本性質與存在理由，說明組織業務的宗旨、哲學、信念、原則，根據組織的意願及服務對象的性質揭示組織的長期發展前景。正如書中說道的：使命是「組織在賺錢之外存在的根本原因 —— 是地平線上恆久的指引明星，不能和特定的目標和業務策略混為一談」。比如摩托羅拉公司的使命是「以公平的價格向顧客提供優質的產品和服務，光榮的服務於社會」。企業所有的文化、制度、行為都必須符合企業的使命。

企業的價值觀是企業做事所奉行的根本原則，是企業判斷是非的根本標準，是企業中各級管理者和員工行為的準則。比如 IBM 的價值觀是「力求讓顧客滿意」；索尼公司的價值觀是「尊重、鼓勵每個人的能力與創造力」。這就是這些公司的價值觀，企業所有的文化建設、組織架構、制度設計都必須貫徹這些價值觀。

核心理念，是整個企業的核心。企業的策略、組織、制度、企業文化都是圍繞著核心理念來展開的。企業的策略是實現使命的具體手段，組織和制度又是實施策略的手段，企業文化是激發員工使命感和塑造員工價值觀的手段。總而言之，核心理念貫穿於整個企業系統，是策略制訂、組織和制度設計、文化建設的最根本的依據。核心理念的穩定性成為企業穩定的基礎，是企業長治久安的基礎，進而成為企業歷久不衰的基礎。

一個企業若想歷久不衰，打造一支精誠團結的團隊，就必須堅守自己的核心理念。企業一旦認定了自己前進的道路，不管遇到多大的艱難險阻、驚濤駭浪，也必須堅持，不停留，不退縮。最終才能渡過重重難關，實現自己的目標。「不管外在環境怎麼變化，即使環境不再利於我們擁有這些價值，甚至使我們受到懲罰，我們依然如此。」相反，企業如果不能堅守自己的核心理念，而是機會主義、見異思遷，就會產生嚴重的投機心理和短期行為，企業的各級管理者和員工也會方向不清、目標不明，最終導致軍心渙散、內耗嚴重，企業就難以形成團結一致的合力，也就難以贏得市場競爭，甚至導致組織解體。

企業的核心理念是不容改變的，但其他方面卻是可以改變的。僵化不變的企業無法贏得日益激烈的市場競爭。高瞻遠矚公司的經驗是：「除了『基本的』信念之外，企業在前進時，必須準備改變本身的一切……，組織中唯一神聖不可侵犯的東西應該是它經營的基本哲學。」

因此，企業必須區分什麼是核心的理念原則，什麼是非核心的具體做法。

「許多公司因為把核心理念原則和非核心的特定做法混為一談而陷入困境。」

企業的變化必須堅守自己的核心理念。「高瞻遠矚公司小心的保存和保護核心價值，但是核心理念的所有表象卻都可以改變和演進」。「信念必須始終放在政策、做法和目標之前，如果後面這些東西違反根本信念，就必須改變。」

這就是變與不變的辯證法。不變是變的目的，變是不變的手段。企業為了保持自己的核心理念，就必須不斷變化以適應環境，而只有透過這種不斷變化，企業才能夠實現自己不變的使命。《基業長青》將此稱之為「保存核心、刺激進步」。

「保存核心」就是堅持企業的使命和價值觀，堅持企業的選擇，沿著企業既定的目標不斷前進。「刺激進步」是透過各種方法不斷創新，不斷進步，使企業不斷的產生新的活力和動力，以適應不斷變化的環境。「保存核心」與「刺激進步」是辯證統一的。正如書中所述：「核心理念和追求進步的驅動力之間的強力互動，百般糾結，無法分開，都全力促進組織的最高利益。」

在明確「保存核心」和「刺激進步」這兩個概念的基礎上，《基業長青》系統的研究了高瞻遠矚公司「保存核心」和「刺激進步」的幾種方法。

高瞻遠矚公司「保存核心」的方法大體上有三種：一是「利潤之上的追求」，這種方法是用核心理念去塑造員工的觀念，激發員工的使命感；二是「教派般的文化」，這種方法是用核心理念去規範員工的行為，塑造員工的價值觀；三是「自家培養經理人」，這種方法保證了核心理念的保持和傳承。三種方法成為一個體系，有效的保證了企業能夠堅守自己的核心理念。

一、志存高遠——「利潤之上的追求」這種方法是用企業的使命去激發各級管理者和員工，使他們產生超越現實利益、短期利益的使命感。正如書中寫到的：「高瞻遠矚公司能夠奮勇前進，根本因素在於指引、激勵公司上下的核心理念，亦即核心價值和超越利潤的目的感。」

企業必須有利潤之上的追求，單純追求利潤最大化只會產生投機心理和短期行為。企業會因為暫時的利益蒙蔽了雙眼，而不會有長遠的眼光。誠然，企業需要利潤，但利潤不是企業的目的，利潤只是企業賴以生存的必要條件。

「企業需要利潤就像人體需要氧氣、食物、水和血液一樣，沒有它們，就沒有生命。但這些東西不是生命的目的。」「利潤不是經營層正確的目的和目標——僅是使所有正確目的和目標得以完成的手段。」並非說利潤不重要，而是說一個企業不能把目標僅僅局限於利潤最大化上，而應該有更高的理想和追求。只追求利潤最大化的企業就像只追求溫飽的人一樣，是難成大器的。

企業如果只追求利潤最大化，相對的會導致員工也只追求薪資最大化，這樣員工就不能產生做大事業的使命感和成就感。他只是在謀生，而不是在從事一項事業。他只是被動的應付工作，而不是主動的開拓創新。因此就很難從內心深處激發他的積極性和創造性，他的潛力也很難發揮，也就很難取得真正的成就。員工只有從內心深處真正認同了企業的核心理念，才能激發出使命感和成就感，成為自覺的戰士，真心誠意的為企業做貢獻。

高瞻遠矚公司奉行「利潤之上的追求」，不僅沒有妨礙他們賺取利潤，反而賺取了比那些只追求利潤最大化的公司多得多的利潤。高瞻遠矚公司的平均利潤是對照公司的六倍，是大盤指數基金的十五倍。真的很有意思：不把利潤看作最重要的公司，賺取了最多的利潤，一心賺錢的公司卻賺不了多少錢。正如古人所說：「法乎其上，得乎其中，法乎其中，得乎其下。」

《基業長青》研究發現，事實上，他們總是把追求理想的使命和追求現實的利潤的關係處理得非常好，奉行的是務實的理想主義。「高瞻遠矚公司不是在短期和長期之間尋求平衡，追求的是短期和長期都有優異表現；高瞻遠矚公司不光是在理想主義和獲利能力之間追求平衡，還追求高度的理想主義和利潤；高瞻遠矚公司不光是在保持嚴謹形狀與刺激勇猛的變革行動之間追求平衡，而是兩方面都做得淋漓盡致。」

二、誠心誠意 ——「教派般的文化」理論是抽象的，現實是具體的。理念必須透過文化的形式來貫徹，沒有文化的理念是空中的樓閣，是沒有根基的。企業必須建立以理念為核心的企業文化，把核心理念落實到管理者的日常管理中，落實到員工的日常行為中，在企業中形成認同企業使命、遵循企業價值觀的文化氛圍，並不斷強化這種文化氛圍，使其深入人心。企業必須用文化塑造每個人的顯意識甚至潛意識，進而塑造他的行為，最終使得核心理念深入每個人的骨髓，使每位員工在工作中自覺遵循這種理念，充滿熱情的展開協同，自覺的執行企業每一項決策。

在高瞻遠矚公司裡，任何不能認同企業核心理念的員工必然會遭到企業的淘汰和同事的排斥，「棄之如敝屣」，無論他水準有多高、能力有多強。這些高瞻遠矚公司遠不是某些人想像的那樣，是最佳的工作地點。《美國最適宜就業的一百家大公司》一書中評價寶鹼公司時說：「寶鹼公司有一套獨有的做事方式，如果你不精通這種方式，或者覺得不舒服，你在這裡就不會快樂，更別想成功了。」

高瞻遠矚公司「不需要創造一個『溫和』或『舒適』的環境。就績效和契合公司理念而言，高瞻遠矚公司對員工的要求通常比其他公司嚴格。」

高瞻遠矚公司企業文化的狂熱灌輸強化，以及對不能認同理念員工的強烈排斥，幾乎就像宗教布道的狂熱以及對異教徒強烈排斥一樣。因此《基業長青》將高瞻遠矚公司的這種企業文化稱之為「教派般的文化」。高瞻遠矚公司的特點和宗教的確有相似之處。但這種宗教般的狂熱畢竟不是宗教，高瞻遠矚公司「不是要求對個別領袖奴隸式的崇拜」，而是讓員工真心的認同企業的核心理念。這種「教派般的文化」並不代表著專制的集權，恰恰相反，「高瞻遠矚公司雖然比對照公司更像教派，但是，高瞻遠矚公司普遍實施分權的制度，並給予員工高度的作業自主性」。因為明確了企業的核心理念，員工反而擁有了更大的自主權。他知道什麼事情應該做，什麼事情不應該做，大大降低了企業管理成本和監督成本。

為了在企業中形成這種「教派般的文化」，這些高瞻遠矚公司在招聘員工的時候是非常謹慎的。像選擇信徒一樣嚴格的去選擇新員工。「非我族類，其心必異。」「高瞻遠矚公司的招聘和面試程序通常遠比對照公司的更複雜、嚴密。」因為他們很清楚，如果沒有選到合適的人，企業對員工的文化整合成本無疑會大大增加。

三、固本清源——「自己培養經理人」為了保證企業的核心理念能夠有效的保持和傳承，高瞻遠矚公司基本上只用自己培養的人擔任最高層管理者。在十八家高瞻遠矚公司「總長達一七〇〇年的歷史中，只有四位 CEO 是外聘的，而且只在兩家公司出現過」。奇異電氣公司前 CEO 傑克・威爾許被稱為「二十世紀全球最佳 CEO」，是資深主管的典範，人們或許會以為是優秀的威爾許造就了成功的奇異電氣，但是《基業長青》的結論恰恰相反：是成功的奇異電氣造就了優秀的威爾許。「事實上，整個 CEO 的選擇過程，一直到最後選定威爾許當 CEO，是傳統的奇異電氣最優秀的一面。」

高瞻遠矚公司基本上都實行嚴格的內部晉升制度，因為在長期的企業文化的浸潤下，公司內部的人已經不是原來的單純的個體了，已經成為組織中的人，他們的觀念、行為已經被企業文化重新塑造了，這種重塑達到了這樣的程度，以至於他的一切行為基本上都不會違反企業的核心理念。正如孔子所說：「從心所欲不逾矩。」他自身已經成為企業核心理念的宣導者，成為企業文化的宣傳者。而聘請外來的經理人則有文化整合的巨大風險和成本。「外人可能淡化或摧毀公司的核心，關鍵是要培養和提升能夠刺激健全的變革和進步，同時又能保存核心的內部幹部。」

透過這種形式，管理者成為企業核心理念自覺的維護者和傳承者，使得企業的核心理念得以保持，而這種核心理念的保持，有力的保證了企業持續穩定的發展。相反，某些企業由於沒有做到這一點，在企業領導人變更的時候，給企業帶來了巨大的震盪，對企業的競爭力帶來了巨大的破壞。《基業長青》總結了這兩種企業的差別：

高瞻遠矚公司的情況是：「管理發展及繼承人計畫、強有力的內部人選、內部卓越領袖的連續性、保存核心、刺激進步」。

當然，內部培養也不是絕對的，必要時，企業也可以外聘資深主管，但是必須保證一個前提：「如果公司覺得必須要外聘最高層級的經理人，也要找與公司核心理念高度一致的人選，他們的管理風格可能不同，但是應該真心的贊同公司的核心價值。」

刺激進步的方法有很多種，《基業長青》研究了十八家高瞻遠矚公司的成功案例，總結出了三點成功經驗：「膽大包天的目標」、「永不滿足的心態」、「擇強汰弱的進化」。

企業不斷發展前進的力量無非兩種：外加的壓力和內在的動力。外加的壓力在高瞻遠矚公司展現為「膽大包天的目標」。內在的動力則展現為「永不滿足的心態」。而外生的選擇和內生的創新的結合展現為「擇強汰弱的進化」。

這三種辦法是一個完整的體系，有力的刺激企業不斷進步，推動企業持續創新。

一、志在千里 —— 「膽大包天的目標」。高瞻遠矚公司的使命通常都是宏偉而遠大的，因而離企業具體的日常行為比較遠，如何讓員工能夠真切的感受到企業的使命與自己日常工作的聯繫，把核心理念貫徹到員工的具體行為中去，是企業必須解決的問題。高瞻遠矚公司的做法就是設立「膽大包天的目標」。

為了實現企業的使命，管理者必須為企業設立階段性的目標，這是不言而喻的，但高瞻遠矚公司設立的目標是「膽大包天的」，因為「膽大包天的目標」才能真正刺激進步。這種「膽大包天的目標」往往要求員工有高度的獻身精神，為了完成目標，貢獻出自己所有的智慧和力量。「如果目標不要求高度獻身精神，這種目標也不能算是膽大包天的目標」。

總結高瞻遠矚公司的成功經驗，「膽大包天的目標」必須是明確、動人的，讓員工能夠真切的感覺到，從而積極的向著這個目標去努力。當然這種「膽大包天的目標」必須符合公司的核心理念，高瞻遠矚公司只是追求既能加強本身核心理念，又能反映公司自我定位的膽大包天的目標。

二、自強不息 —— 「永不滿足的心態」。「膽大包天的目標」用外加的壓力來刺激進步，而另一方面，企業還需要內在的動力，高瞻遠矚公司刺激進步的內在動力是永不滿足的心態，這是企業持續進步的動力源泉。「高瞻遠矚公司設置強大有力的機制來產生永不滿足的心態，消除自滿，從而在外部世界發出要求之前，就刺激變革和改善。」

企業以往的成功往往會成為企業未來的持續發展的障礙，這種障礙就是取得企業成功之後的管理者和員工的自滿頑症。高瞻遠矚公司解決這個問題的辦法是「建立某種永不滿足的機制，對抗自滿頑症 —— 這種疾病不可避免的會影響所有成功的組織」。《基業長青》舉了一系列的例子：默克公司的故意讓出市場、奇異電氣公司的「動腦會」、波音公司的「敵人觀點」、沃爾瑪公司的「打敗昨天」、惠普公司的「量入為出」機制等等。

正是這種永不滿足的心態，使得高瞻遠矚公司總是立足長遠。「高瞻遠矚公司習慣於長期投資、建設和經營，他們這樣做的情形比對照公司多多了。」

「而有些對照公司刻意採取安逸的態度，犧牲公司長期利益、榨取短期利益的情形並不少見。」

三、適者生存 —— 「擇強汰弱的進化」。如果說「膽大包天的目標」是一種自上而下的刺激進步的方式的話，那麼「擇強汰弱的進化」就是一種自下而上的刺激進步方式；是一種內生變化，外加選擇的方式。

企業既要「保存核心」，又要「刺激進步」，這二者是對立統一的。企業發展過程中，會遇到各種各樣的機會，如果不加選擇，企業就難以保持自己的核心，如果一概拒絕排斥，企業又難以持續進步。如何平衡這種關係呢？高瞻遠矚公司的辦法是「擇強汰弱的進化」，企業能夠整合的資源、能夠把握的機會是多種多樣的，不確定的，但企業的選擇必須是確定的，即只選擇符合自己的核心理念，並且能夠刺激企業進步的機會。這種選擇類似於達爾文的「不定向變異，定向選擇」生物進化論。因此，書中把企業比作「逐漸演進的物種」，並將這種方法概括為「擇強汰弱的進化」。

企業「擇強汰弱」的依據是什麼呢？一方面，是否符合公司的核心理念，另一方面，是否有市場前景。這就是所謂的「定向選擇」。「高瞻遠矚公司都是突變的機器，但同時都堅決的固守核心理念。」「核心理念的作用好比強力膠和指導力量，使高瞻遠矚公司在突變和演進時，精誠團結。」「高瞻遠矚公司的最佳行動絕不全是來自複雜的策略規劃，反倒有很多是來自試驗、嘗試錯誤和機遇、欣然接受改變。」

理念、原則、方法三者成為一個從理論到實踐的完整體系，是高瞻遠矚公司保持持續競爭力的法寶。理念是「造鐘」的原理，原則是「造鐘」的圖紙，方法是「造鐘」的工具。有了原理、圖紙和工具，造成這個「鐘」就水到渠成了。因此，高瞻遠矚公司的成功絕非偶然，他們的成功在於他們能夠「高瞻遠矚」，把握到了企業生存和發展的內在邏輯和規律，並且按照這些邏輯和規律的要求，勇敢的投入實踐，使得企業能夠歷久不衰。正是他們的「高瞻遠矚」，最終贏得了企業的「基業長青」。

---

1. 龜兔賽跑的寓言一樣，高瞻遠矚的公司起步時經常步履蹣跚。
2. 高瞻遠矚的公司絕對不需要眼光遠大的魅力型領導者，事實上，這種領導者對公司的長期發展可能有害。

3. 高瞻遠矚公司和對照的其他公司最大的差別不是領袖的素養，重要的是優秀領袖的一貫性。
4. 高瞻遠矚公司不問「我們應該珍視什麼？」只問「我們究竟實際珍視的是什麼？」
5. 外人可能覺得高瞻遠矚公司嚴肅而保守，其實它們…巧妙的運用膽大包天的目標，激發進步，在歷史的關鍵時刻奮勇超越對手公司。
6. 要建造高瞻遠矚公司，不需要創造一個「溫和」或者「舒適」的環境…就績效和契合公司理念而言，高瞻遠矚公司對員工的要求通常要比其他公司嚴。
7. 高瞻遠矚公司為了獲得變革和新構想，絕對不需要聘請外人擔任最高管理層的職務。
8. 高瞻遠矚公司的最佳行動往往來自實驗、嘗試錯誤機會和機會主義，類似於生物物種的進化，而不是高明、複雜的企劃。
9. 「膽大包天的目標是有形而高度集中的東西，能夠激發所有人的力量，只需略加解釋，或者根本不需要解釋，大家立刻就能了解」，「問題不在於目標的對和錯，問題是要像登月任務一樣清楚動人，就能刺激進步」，「制訂膽大包天的目標，需要某種程序的非理性的信心。」
10. 不要把高瞻遠矚公司看成主要是高明遠見和策略性規劃的結果，而是看成大致上由一種基本程序帶來的結果 —— 嘗試許多實驗，抓住機會，保留作用良好（符合核心理念）的部分，修正或放棄作用不好的部分。

《管理決策新科學》赫伯特・賽門

The New Science Of Management Decision

Herbert A. Simon

赫伯特・賽門，美國管理學家和社會科學家，在管理學、經濟學、組織行為學、心理學、政治學、社會學、電腦科學等方面都有較深厚的造詣。

西蒙於一九一六年生於美國威斯康辛州密爾沃基。他畢業於芝加哥大學，一九四三年取得博士學位。

西蒙曾先後在加利福尼亞大學、伊利諾理工學院任教。一九四九年，他成為卡內基 —— 梅隆大學的教授，傳授電腦科學及心理學的知識，並從事過計量學的研究。他擔任過企業界和官方的多種顧問。

西蒙宣導的決策理論，是以社會系統理論為基礎，吸收古典管理理論、行為科學和電腦科學等學科的內容而發展起來的一門邊緣學科。由於在決策理論研究方面的突出貢獻，他被授予一九七八年度諾貝爾經濟學獎。

西蒙是西方決策理論學派的創始人之一。他發展了巴納德的社會系統理論，特別是決策理論，吸收了行為科學、系統理論、運籌學和電腦程序科學等學科的內容，對經濟組織內的決策程序進行了開創性的研究。

西蒙在管理學上的第一個貢獻是提出了管理的決策職能。西蒙之前，法約爾最早對管理的職能做了理論化的劃分。此時，決策被包括在計畫職能之中，其後的管理學者對此也沒有提出疑問，只是到了一九四〇年代，西蒙提出了決策為管理的首要職能的這一個論點之後，決策才為管理學家們所重視。

今天決策理論的枝繁葉茂，與西蒙對這個領域的開創性貢獻是分不開的。

其次，西蒙對於管理學的第二個貢獻是建立了系統的決策理論，並提出了人有限度理性行為的命題和令人滿意的決策準則。在西蒙之前，個體經濟學對個人在市場中的行為也進行了深入的研究。他們認為，個人具有完全的理性，完全按效用最大化的原則選擇。個體經濟學這一命題隱含的條件是：

個人已經知道了可供選擇的全部方案，並且對這些方案可進行效用排序，決策者可從中做出最大的選擇，個體經濟學這一選擇理論又稱之為完全理性的經濟人行為理論。

西蒙在本書中不但闡述管理決策過程和電腦對管理決策過程所起的作用，而且還說明他在這些問題上是怎樣得出各種結論的。本書第一章一般的闡述電腦新技術及其在社會上、企業組織和管理中的應用。這一章談論的大多數問題都在以後各章中作了進一步的論述。第二章對管理決策過程進行分析，並從非技術的角度論述電腦現在能做的事和很快將能做的事，以及電腦在管理決策過程中所達到的作用等。第三章論述電腦和自動化對工作場所和工作滿足感、對工作的激勵和對工人的疏遠等影響作用。第四章探討電腦對改革經理的工作和企業組織結構的作用。第五章透過對自動化和技術進步的經濟效果和社會效果的闡述，再次顯示電腦和自動化的更為廣闊的社會遠景。

實際上，在任何工作開始之前，都要先進行決策；管理人員進行的任何管理都有決策問題。制訂計畫，在兩個備選方案中選定一個行動方案是決策；設計組織結構，確定權責分工是決策；進行實際情況與計畫的比較，選定控制手段也是決策。也就是說，決策要貫穿於計畫、組織、控制等各方面，而且，組織的各個階層人員都要進行決策。最高階層的管理人員決定組織的目的和總方針，基層管理人員為了執行部門目標和計畫，要進行日常作業的安排；甚至每個生產人員在工作過程中，也要進行勞動對象、工具、方法等方面的選擇。總而言之，決策貫穿於組織的各個方面、各個階層和組織活動的全部過程。因此，西蒙說：「為了了解決策的涵義，就得將決策一詞從廣義上予以理解，這樣，它和管理一詞幾近同義。」

首先，就決策的一般過程來看，西蒙認為，決策是一個由系列相互聯繫的階段構成的完整的過程。他指出，人們通常對決策制訂者這一形象的作用描繪得過度狹窄，以為「決策制訂者是位能在關鍵抉擇時刻，在十字路口選定最佳路線的人」。由於他們只注意了最後抉擇的那個片刻，忽略了完整的全過程，因而對決策做了歪曲的描繪。按照西蒙的說法，決策是由下列四個相互聯繫的階段構成的：

第一階段，情報活動階段。這一階段的活動是收集和分析組織環境條件中有關技術、經濟、社會因素的情報和組織內部條件中各種生產經營要素的情報，以便提出需要決策的問題和目標，找到制訂決策的依據。

第二階段，設計活動階段。這一階段的活動是針對需要決策的問題和目標，依據已經得到的各種情報，制訂和分析可能採取的行動方案。由於人們事先往往要設計出若干個不同的方案，然後從這些不同方案的比較、分析中擇優，因此，這些事先設計的方案，人們通常稱做「備選方案」、「代替方案」或「可能方案」。

第三階段，選擇活動階段。這一階段的活動是從事先設計出的各種備選方案中選一個執行方案，以便採取行動，實現預期的目標。

第四階段，審查活動階段。這一階段的活動是在擇定方案的實施過程中進一步審查、評價該方案，以便對方案給以補充和修正，使其更趨於合理。

上述各個決策階段必須循序漸進。就是說，只有進行了情報活動，才有可能設計備選方案；有了備選方案，才有可能從中選擇；有了方案執行結果的審查、評價，才能確保組織活動的順利進行，並為新的決策提供依據。但是，上述各個決策階段在實際工作中又常是相互交織的。例如：在設計階段，可能發現情報不充分，需要補充新的情報；也可能發現原定目標無法達到，而要求重新收集和分析情報，以確定新的目標。在方案的抉擇階段，可能發現現有的備選方案都不能令人滿意，因而需要重新進行設計活動，以提出新的備選方案。總而言之，在任何一個決策階段中，都可能產生一些問題，這些新的問題都需要有各自的情報、設計和抉擇活動。所以，西蒙說，這是一個「大圈套小圈，小圈之中還有圈」的複雜過程。

西蒙認為，一切組織內部的活動都可以劃分為例行性的和非例行性的。與此相適應，組織的決策也可以劃分為兩種類型：程序化決策與非程序化決策。

程序化決策是指對重複出現的例行活動制訂的決策。

由於它是反覆重複出現的活動，人們可以從實踐經驗中找到它的規律性，因而可以制訂一套利行的程序加以解決，而不必每次出現都重新進行決策。

西蒙強調不論是企業或其他組織，都應當努力提高組織決策的程序化程度。這是因為：第一，決策的程序化能加強組織的控制系統。例如：企業制訂出一套標準作業程序，並使之同獎懲制度聯繫起來，就可以有效的控制每位員工的作業。第二，決策的程序化能加強組織的協調系統。例如透過制訂適當的程序，就可以保證工作團隊內部成員之間乃至各個團隊之間在活動的方式和節奏上協調一致，從而保證整個組織活動的正常進行。

非程序化決策是指對第一次出現的、其性質和結構還不清楚的活動進行決策。就一個企業來說，對一切帶有創新性質的經營管理問題的決策都屬於這種類型的決策。對這類活動進行決策，應該按照一般的決策過程，首先進行調查研究，並依次經過決策過程的各個階段來完成。而當這種類型的問題反覆出現，它的決策也會逐漸程序化、例行化。進行非程序化決策雖然沒有先例可以遵循，但是，人們對它也不會束手無策，而可以借用原有的知識、手段進行處理。西蒙說：「它們並非截然不同的兩類決策，而是像光譜一樣的連續統一體；其一端為高度程序化決策，而另一端為高度非程序化的決策。我們沿著這個光譜式的統一群體可以找到不同灰色梯度的各種決策。而我採用程序化和非程序化兩個詞也只是用來作為光譜的黑色頻段與白色頻段的標誌而已。」其實，「世界大都是灰色的，只有少數幾塊地方是純黑或純白的」。這也就是說，無論是程序化決策，還是非程序化決策，都只是相對而言的。

上述兩種不同類型的決策，需要採用不同的技術加以處理。而且，在這兩類決策的處理技術中，傳統的方法與現代的方法也不相同。

對程序化決策，傳統式的處理方法首先依靠建立合理的習慣性技能，例如：對新員工進行技術培訓，使其掌握完成職務要求所必備的熟練技術和習慣。其次是建立標準操作規程，這也是一種使組織成員養成某種合理的習慣行為的方法。再次是建立一定組織結構，透過部門化的責任分工，建立下屬目標結構，確定許可權系統和資訊流通管道。程序化決策的現代式處理方法則是採用運籌學的方法，即把現代的數學方法引進決策領域，並運用電腦進行資料處理，從而實現常規的程序化決策的自動化。

對於非程序化決策，傳統的處理方法是根據決策者個人的經驗、洞察力和直覺進行判斷，並有賴於決策者的創造精神。為此，需要透過選拔人才並進行專業培訓，以提高決策者的決策技能。同時，在進行組織設計時，透過設置專門的決策職能公司，明確程序化決策與非程序化決策的職能分工，以保證此類決策得到應有的重視。處於非程序化決策的現代式方法則是採用探索式解題技術，把電子電腦用於類比人類思考和解決問題的過程，以使此類決策也能逐步實現自動化。

西蒙認為，自動化方面的進步和人類決策方面的進步可以把組織中人和電子的部分結合起來構成一種先進的「人機介面」。而且，這種系統可以逐漸被予以普及之後，工廠和辦公室都可以變成一個複雜的「人機介面」。在工廠裡，每個工人要操縱大量生產設備；在辦公室，每個職員要使用大量計算設備，辦公部門和工廠變得越來越相似。西蒙認為，人與機器的關係將日益變成一個設計課題，而且這個設計課題的重要性與設計人與人之間的關係的系統一樣重要。

西蒙指出，建立「人機介面」第一個優勢就是可以克服知識和資訊的不足。首先是透過分工，使組織的每個部門只限於掌握與本部門決策有關的知識和資訊。在進行決策時，還可以只考慮與本部門決策關係密切的可變因素及其結果，即要求決策者弄清楚哪些是重要的因素，哪些是不重要的因素，從而大大縮小了知識和資訊的探索範圍。其次是透過設立專門的職能部門來收集和處理各方面的有關資訊，從而克服了個人知識和資訊的不足。同時，透過建立資訊系統。使有關知識和資訊能迅速傳遞給決策者。

西蒙著重強調：「關鍵性的任務不是去產生、儲存和分配資訊，而是對資訊進行過濾，加工處理成各個組成部分。今天的稀有資源不是資訊，而是處理資訊的能力，雖然現代資訊系統最顯而易見的零件是列印、傳輸和複印等部件，它們可吐出大量的資訊。但真正關鍵的部件卻是那個保護我們不受大量符號流衝擊的複雜的處理機。」

西蒙將一個組織看成為一塊三層的蛋糕：最下層是基本工作過程，在生產性的組織裡，指的是取得原材料，生產物質產品儲存和運輸的過程；中間一層，是程序化決策制訂過程，指控制日常生產操作和分配的系統；最上一層是非程序化決策制訂過程，這一過程要對整個系統進行設計和再設計，為系統提供基本的目標，並監控其活動。數據處理和決策制訂的自動化將不會改變這個基本的三層結構。自動化透過對整個系統進行較為清晰而正規的說明，將使各層之間的關係更為清楚而明確。

西蒙指出新的電腦技術和決策制訂的自動化，不管發展程度如何，也不管選取的方向，都不可能消除組織的基本分層等級結構，而仍將要求進行職責的部門化和層次部門化，建立分層等級結構。

在企業組織裡，由於實現了程序化決策的自動化，而使中層管理對基層工作的直接干預大為減少。與此同時，由於管理科學方法和資訊技術的發展，使一些具有相互關聯性的部門決策可以集中處理。例如過去工廠的各個部門分別建立各自高度計畫，為了協調部門之間的生產活動，在部門之間都留有適當數量的半製品存貨，以防止上個部門出現生產波動對下個部門造成影響。同樣，工廠和銷售管理部門也都各自進行決策，工廠也必須經常留有適當數量的製成品，以便銷售部門取貨時能及時取貨。但是「隨著確定最佳產量與存貨量的運籌研究技術的發展，隨著保持調節實現最優程序所需資料的各種技術手段的發展，使得存貨量減少，使得生產作業能順利進行，從而實現了大量的節約。但是，因此卻使得工廠計畫與庫存訂貨決策的制訂更集權化了」。這就是說，隨著決策系統處理相互關聯問題的能力不斷提高，使決策集權化顯得更為合理。不僅如此，「隨著決策過程變得日益清晰可見，各組成部分更多的被植入電腦程序，各組織層的決策及其決策分析變得越來越可以轉移了」。從而使得決策集權化成為一種趨勢。

但是，這並不是說管理科學方法和電腦技術可以代替全部決策過程，也不是說它可以適用於一切情況。實際上，管理科學方法和電腦技術目前並沒有應用於全部決策領域，它對於結構良好且需要定量化的決策影響最大，而對於結構不良，憑直覺的和定性的以及可以透過人們之間直接面談進行的決策過程則影響很小。而且，在確定採取集權與分權決策方式時，也不能僅僅考慮決策的技術因素，還必須考慮決策的激勵因素，考慮如何能使決策更有利於調動人們努力工作。總而言之，決策的集權化和分權化都是有條件的。因此，把決策問題的性質、條件和決策者的主觀條件等各個方面的因素綜合起來加以衡量，才能做出正確的決定。

在自動化系統內，日常決策需要的人工干預會越來越少。管理人員的主要職責是對決策系統進行維護和改進，以及激勵和培訓其下屬。基層的管理工作將僅只是管理工作的一小部分。管理人員將像任務小組的成員那樣，把大部分時間和精力用於分析和設計政策，以及執行這些政策的系統上。

至於中層管理人員，並未如同有些人預料的那樣大大減少。這是由於，隨著自動化的實現，雖然對基層管理工作的需要較少，但對自動化決策和規劃系統進行設計和維護的參謀性作業卻需要中層管理人員來完成。而參謀單位的增長是以直線單位為代價的。

西蒙認為設計執行資訊系統的最初工作開始於可用的資料，而不是開始於所要制訂的決策。但是，目前的各種管理資訊系統，往往更受組織中下層管理人員的重視而較少受到上層管理人員的重視。這是由於，高層管理人員必須將其注意力集中於組織外部。對高層管理有重要意義的資訊系統是那種從外部資訊源收集和篩選並有助於進行策略決策的資訊系統。只有這種系統才是真正的「管理資訊系統」，儘管它們很少使用這一個名稱。

西蒙指出新型組織在很多方面將與現在人們所熟悉的組織相近：

1. 將來的組織仍然是由三個階層所構成的，一個基本層是物質生產與分配過程的系統；一層是支配該系統的日常作業的程序化決策過程；一層是控制第一層過程並對之進行重新設計和改變其價值參數的非程序化決策過程。

2. 將來組織的形式仍將是階層等級的形式。組織將分成幾個主要的次部門，各層級讀部門又將分成更小的單位，依次類推。這與今日的部門化很相似。但是劃分部門界線的基礎可能會多少有所變化。產品部門將變得更為重要，而採購、製造、工程和銷售之間的明確界線將逐漸消失。

---

1. 如果我們要想使一個有機體或一個機械在複雜而多變的環境中工作得很好，我們可把它設計成適應性強的機械，使它能靈活的滿足環境對它的要求。
2. 企業組織正在不斷變成高度自動化的人 —— 機系統，而管理的性質當然受被管理的人 —— 機系統的特徵所限制。
3. 我們對非程序化決策的日益理解將在管理方面引起兩種不同的變化。一方面這種理論將在非程序化問題領域內決策制訂過程的某些方面的自動化開拓出新的前景，就像運籌學讓程序化決策制訂的許多方面能實現自動化一樣；另一方面，透過使我們深刻的洞察人類思維過程，這個理解將提供新的機會，透過教育和訓練來改進一般人，特別是經理們在困難的結構不良的複雜環境中制訂決策的能力。
4. 決策並不是在幾個備選方案中選擇最佳方案，而是管理中無時無刻都存在的一種活動，它本身是一個過程，這個過程是循序漸進的。
5. 工業革命之所以成功，乃是因為它呈現出一種階梯式的成長。後人的成就在前人的發明上不斷的突破並累積，使人類科技進步如同砌磚一樣，逐步達到二十世紀的高水準。

《管理之神》查爾斯・漢迪

Gods of Management *Charles Handy*

查爾斯・漢迪，當代著名的實踐管理大師，一九三二年出生於愛爾蘭啟爾達。

查爾斯・漢迪畢業於牛津建築學院，後來到大西洋彼岸的波士頓，在麻薩諸塞州科技學院下屬的斯洛恩管理學校學習。回國後，先在頗具國際實力的荷蘭皇家殼牌公司負責市場開發和人事管理。後又在另一家美國人開辦的石油公司工作。一九六七年任教於新成立的倫敦商學院，一九七二年提升為教授，一九九四年出任主席。查爾斯・漢迪一生中大部分職業生涯都是從事商業管理活動，是工作場所變革的開拓者和新秩序的預言家。

查爾斯・漢迪認為，不同的管理文化對於組織的健康發展不僅有用而且是有必要的，追求單一的管理文化對大多數組織而言是適合的，錯誤的管理方法只是徒勞而無效的。

在《管理之神》一書中，查爾斯・漢迪提出了四種管理文化的理論，這也是管理思想的精髓。如果不懂得這四種管理文化的內涵，就絕不可能真正明白管理這門藝術。查爾斯・漢迪的四種管理文化是：霸權管理文化、角色管理文化、任務管理文化和個性管理文化。

查爾斯・漢迪認為，每種管理文化都有它好的一面，沒有任何文化本身是壞的或錯的，如果硬要說它是壞的或錯的，那只不過是它並不適合其所處的環境罷了。他認為，應該讓每種管理文化都找到適合其生根發芽的土壤，這樣才能渴望

開出高效率的鮮花、結出優良的品質之果，使組織得以不斷的發展。

一、霸權管理文化

查爾斯·漢迪認為，眾神之王宙斯代表霸權管理文化，這種管理文化的代表圖形是蜘蛛網。運用這種文化的組織與其他組織一樣，有依照職能或產品而劃分的各個不同部門。如同傳統組織圖表的那些線條一樣，這是從一個中心點放射出去的線路。但在這種文化中，重要的並不是這些向外放射的線路，而是那些將蜘蛛圍繞在中央的環狀線路，它們代表權力和影響力，其重要性隨著離中心點的距離成長而減弱。在這種文化中，與在中心位置的蜘蛛保持一種親密的關係，比任何形式上的頭銜或職位都重要得多。

在霸權管理文化中，決策時往往快如閃電。任何要求以高速度來完成的事情，都可以在這種模式的管理下取得成功。當然，速度並不能保證品質，品質全賴宙斯和最近他的那些圈內人士的才能而定。一個無能、昏庸、老邁、凡事漠不關心的宙斯，會很快腐敗墮落並逐漸毀壞整個網路組織。因此，在這類組織中，「領袖」和「繼承人」就是重要的能保證組織正常運轉的因素。

霸權管理文化，是透過一種所謂「移情作用」的特殊溝通方式，來達到決策速度的閃電化。「移情作用」不需要備忘錄、委員或所謂專家權威等等。許多成功的宙斯型人物即使認得數字，也幾乎是個文盲，所以「移情作用」的有效與否只得仰賴與宙斯的「親密關係」和他對你的「信賴」程度了。缺乏信賴的「移情作用」是很危險的，對手極有可能利用這一點來攻擊。信賴一個陌生人，要比信賴你或你朋友的朋友困難不知道多少倍。對霸權管理文化組織來說，吸收新人通常要透過熟人介紹，而且常常會有一場飯局來鑒定對方，大家首先在餐桌上來進行互相了解。

霸權管理文化在經營上是很划算的，比起控制上的種種程序，信賴是便宜多了，而「移情作用」也不用花費半分錢。這類文化的組織中，旅行和電話的費用會特別高，因為宙斯如果能用嘴發布命令的時候，那麼是絕不會用筆的。

而當速度比準確的細節更重要，或是當拖延的代價比犯錯誤的代價更高時，宙斯式的管理文化便相當有效力。如果你屬於這類小團隊，你將享有很好的工作文化，因為他們注重個人，給人自由，並對個人付出的心力予以獎賞。

霸權管理文化，所依賴的是老朋友、親戚、同事之類的關係網路。所以，這種文化在講求真才實學、機會均等的今天，就似乎顯得是個只講關係、照顧自己人的文化了。這種文化很有父權政治、個人崇拜和追求個人權勢的味道，正是這些東西讓產業革命也曾背負了不好的名聲。人們普遍認為，這是一種落伍的文化，諷刺其為業餘管理與縱容特權遺風的典型例子。

當然，這種管理方法是有可能被濫用，而且也常常被濫用。一個邪惡宙斯型的人物在這樣組織團隊裡會更容易做他的邪惡之事。但在正常的情況下，這些組織的管理者們，應該說是非常講求效率的。由私人接觸所建立起來的彼此信賴感情，對完成事業來說，並不是一個不好的基石。

二、角色管理文化

查爾斯．漢迪認為，太陽神阿波羅代表角色管理文化，這種管理文化的代表圖形是神廟。組織在人們的腦海中通常浮現的是角色式文化。此類文化的運作，是定義在組織中的角色或職務之上，而非個性化的個人。阿波羅是秩序與法規之神，由他所代表的這種文化假定人僅僅是理性的，任何事都能夠也都應該以概念邏輯的方法來分析研究。一個組織的任務也因此能夠被一格一格的劃分出來，直到你做出一份組織的工作流程圖。

在角色式的組織中，「梁柱」代表著各種職能和部門。經過精心設計，這些梁柱只在頂部的三角牆處會合在一起。而這個三角牆的頂部，就是由各職能部門的首領所形成的董事會、管理委員會或總裁部門。

這些梁柱由一些規則與程序的張力線連接起來。典型的職場人會加入某一根梁柱，並往上攀爬。此外，他可能偶爾會遊歷拜訪一下其他的梁柱，以擴展自己的基部。有時候，它可以被叫做是官僚體系的圖形。不過，官僚體系現在已經變成一個腐敗的字眼，但實際上這種文化也有它的優點和價值。

在這裡，查爾斯．漢迪假設明天會像昨天一樣，那「阿波羅形態」可說是相當美好的。在檢視和分解昨天之後，就會為明天的重組達到改良後的規則和程序。人們通常會期待又鼓勵這種穩定性和可預期性。在阿波羅式管理文化中，個人只是機器的一個零件。

一整套職務的「角色」是固定不變的，扮演這些「角色」的個體本身可以是他或者她，或任何一個被安放在角色位置上的人，有沒有名字沒有什麼關係，換上數字代號稱呼起來也許更方便。因此，如果那個扮演職務角色的個體十分有個性的話，會是一件非常麻煩的事，因為他極有可能控制不了他野馬般的個性，從而在他扮演的職務角色中將他的真我表現出來，並因此而改變了他所扮演的角色，這會將整個組織運作的精確邏輯性給搞砸了。

在阿波羅式管理文化中，每個人只要做自己分內的事就行了，不要太早，也不要太晚。對許多人來說，純粹的角色式文化是否定人性的，因為這種文化堅持冷冰冰的一致性，但對某些人來說，這樣的組織卻是他們的安樂窩。明確知道別人到底要求些什麼，是很令人愉快的。沒有姓名，只有代號，有時也會令人感覺無比輕鬆，不用動腦筋去創新，將所有創造的精力留給家庭、社區或運動娛樂場所，這也是非常愜意的事情！

在心理層面上，角色式的文化讓人很有安全感，在契約的層面上通常也是這樣。在古希臘，阿波羅是位仁慈的神，他是羊群、小孩與秩序的守護者。一旦加入了希臘神廟，幾乎可以一輩子安心的待在那裡。以產品質優價廉、服務周到熱情等優勢在傳統企業競爭的大格局中持續成功了好長一段歷史的組織，也難免會認為一切都會像過去一樣的持續下去。

如果讓管理越合乎經濟原則，並在法規化與標準化上耗費越多心力，就會越有效率。因為其所需要的配合操作就可大大的簡化，勞力與物質的花費都可因而減少，所需要的管理精力更可降到最低。當生活變成了日復一日的重複工作時，阿波羅式的文化是很有效率的。但這種文化痛恨跟它們相反的東西——改變。

不論是顧客喜好的改變，新科技所引起產業技術的改變，還是新的基金來源有所改變，阿波羅式文化對環境中的激烈變化，所做的反應便是成立許多跨越職責範圍的臨時性質的聯絡小組，試圖將整個搖搖晃晃的組織架構穩固在一起。

如果這些措施都無法奏效的話，管理也就崩潰了，或者整個神廟都將瓦解而被兼併，或破產，或在諮詢相關專家權威後，再加以重新組建。

三、任務管理文化

查爾斯．漢迪認為，女戰神雅典娜代表任務管理文化，這種管理文化的代表圖形是一張網。這類文化在管理上採用非常不一般的方式。基本上，管理被認為和不斷成功的解決問題有關。首先，必須去發現問題所在，其次針對問題提出解決的方法，調整適當的資源與策略，讓會影響最後結果的人員所形成的團隊開始運作，一切以最後的結果，也就是問題解決的實際情況來評價其表現。它是以整個組織體系的不同部分尋求資源與策略，以便能在特定的環節或問題上，將力量加以整合。既不像阿波羅式文化的權力位處頂端，也不像宙斯式文化的權力位處中心，雅典娜式文化的權力是分布在網路的交接點上。這種組織是由「突襲隊式公司」鬆散聯結而成的工作網，每個公司能夠自給自足，但在整個組織體系中，又負擔有特定的職責。

雅典娜式文化認為，專家才是權力或影響力的基石，年齡、服務年限或與老闆的親密關係都不重要。要對團隊有所貢獻，需要的是才能、創造力、新方法與直覺力。在這種文化中，有才華的年輕人得以綻放光彩，創造力備受尊崇。如果一個人非常年輕、充滿活力、富於創見，那麼這種文化對他來說會是非常適宜的。每個小組都有一個共同解決問題的目標，因此，團隊的每位成員都會積極熱情的投入到工作中去，工作的使命感強，而不會在意那些腐蝕性的個人議事衝突。

在有共同目標的團隊中，領導權大多不是個熱門的問題，相反的，團隊中的成員往往都會彼此相互尊重，在程序細節上也很少挑剔。當別人有困難時，其他人不會乘機加以利用，亦或是落井下石，而會想法盡力幫助他。這是一個目標明確的突襲式團隊，在這裡，重要的是「小組」，而在阿波羅式文化中，重要的是「委員會」，在宙斯式文化中，重要的是「權力」，這便是這三種文化的區別之所在。

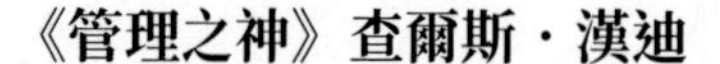

查爾斯．漢迪認為，雅典娜式文化是相當昂貴的文化。他們依賴的是會主動給自己開價的專家，他們常聚在一起討論，談話就得花錢，問題也常常不是一次就能圓滿解決，所以也就難免需要試驗和面對錯誤，而犯了錯誤即便很快就會被更正，也得花錢。因此，這種昂貴的「任務式文化」通常是在擴張時期才會盛行，也就是當產品、科技或服務還很新穎，或是有企業聯合組織能提供基準價位時，才會被賦予重任。因為在擴張期有足夠多的銷售管道，可以讓人們以高價位策略獲得成功。新科技或新產品也會一度產生某種壟斷情況，直到整個科技穩定下來，或有對手出現為止。

查爾斯．漢迪認為，任務式文化在冒險開拓新局面的時候，能運作得非常好。在這些新局面中，如果成功的話，可以賺夠一筆足以支付一切開支的金錢作為報酬。如果任務式文化運作得非常成功，組織就會變得很龐大，而且必須支付大量常規性運作或維護工作的費用，而這些都需要阿波羅式的文化參與。要是萬一遭到失敗，那是他們覺得非常難解決的一個問題。

四、個性管理文化

查爾斯．漢迪認為，酒神與歌神戴奧尼索斯代表個性管理文化，這種管理文化的代表圖形是小星團。所謂個性管理文化，基本上是一種存在主義的文化。在這種文化中，每個人主宰著自己的命運。但這並不是要我們去為自我放縱的自私行為做辯護；也不是要主觀武斷的分類運用模式，認為自己所喜好的東西，別人也一樣喜好。

在狄奧尼索斯式的管理文化中，組織是來幫助個人完成目標的。而在其他三種文化中，個人都是從屬於組織的，儘管其中個人與組織的具體關係形態可能有所不同，但個人都是被用來幫助組織達到目標的，這一原則是絕不能違反的。

查爾斯．漢迪認為，狄奧尼索斯式的管理文化，重視個人才能或技術，是組織中最重要資產的地區。因此，這種文化深為專業人士所喜愛。他們能保持自己的特質與自由，不必被任何人管轄；同時又是某組織中的一部分，擁有該協會組織所帶來的同事、資助與附帶而來的其他好處，甚至還有商討交涉的權力。雖然專業人士可能會為了自己長期的方便，而接受他人的協調，但這些狄奧尼索斯型的人，並不認為有所謂的「老闆」存在。

這些人認為，自己是暫時將才能借給某個組織的獨立專業人員。他們通常都很年輕、有才華，能獲得不受市場限制的開放薪資與聲望。他們的言行就像是狄奧尼索斯型的人，而且只要他們一直很有才能，他們就能夠這樣生存下去。只要個人的才能受到重視，這種狄奧尼索斯式的風味可能就是必要的，而組織也會願意去認可並配合它。不過，狄奧尼索斯的信仰日益壯大，如今已不再只和個人的才能有關了。我們都想要存在主義的好處，而不要它的責任、義務與風險。

在這種組織中，管理就像是家務事，看起來很必須，實際上只是一些瑣碎的雜務；管理者則如同管家一樣，沒有什麼聲望。組織非常需要他們，因而允許依據他們所同意的方式來管理他們。因此，專家團隊、研究或發展的活動，也就越來越有存在主義的味道。

查爾斯．漢迪認為，我們通常很難發現太多這類狄奧尼索斯的組織，至少不會在商業或工業的組織中看到。因為根據這些組織的章程，他們都有超乎員工能及的遠端目標。

查爾斯．漢迪認為，組織需要將四個管理之神聯結在一起，才能更好的發揮作用。在組織裡某些部門的文化和諧，常常是藉由刻意把它與其他部門區別開來，才能獲得滋養與支持。也就是說，對外的敵意導致對內的和諧。他認為，這種文化上的隔離可能會毀滅整個組織，因為不同文化之間的聯結是很重要的事。影響有效力聯結的基本要素主要有以下幾個：

1. 文化上的包容力

要達到有效的聯結，首先是允許組織中的各類文化去開發他們自己適用的方法，並容許不同文化之間的差異性，否則，當對你來說似乎是很合情理的方式，但對其他人都顯得是侵略性的控制時，你就陷入了「不信任的螺旋」之中。每個文化在相互協調聯繫與控制上，都有它們自己偏好的方式。

2. 橋梁

所謂橋梁，主要包含檔上的通訊往來，聯合委員會、協調聯繫的個人、聯絡小組，或是企劃團隊等等。在它們中間，還有在爭執兩者之間的任務小組、研究團隊或對質會議這類的「浮橋」和「臨時橋梁」。

如果沒有了橋梁，就不能來使各種文化在高層凝結在一起。不過，將組織的高層比作「橋梁」，不僅會扭曲整個組織的架構，還會腐敗組織文化，並占據高層管理人員過多的時間。

3. 共同的語言

查爾斯·漢迪認為，要達到有效的聯結，不同文化之間就需要有共同的語言。大家都知道，只有談得攏的組織，才能走到一塊。但是組織的語彙和日常的會話是不太一樣的，在組織中，經常運用暗碼作為共同的語言。暗碼本身會指出權力的所在，是組織上的密碼，也是最重要的聯結方式。

暗碼對於局外人而言是極為令人困惑的，不過只要雙方了解這些密碼，它們就算具備了聯結組織的功能。不過，語言可以是一種橋梁，但也可能是一種藩籬。俚語、流行話和當時的一些術語，會指向當前最重要的優先事項。對於組織的語言有靜默的會心一笑是很容易的，但是不要小看，這樣的語言真的會影響到你的行為。正常情況下，語言乃是社會的一面鏡子，然而它也會被用來刻意塑造與引導一個社會的先入之見、決定優先事項，或是強化新的造橋方式。

要看懂一個組織的語言，就必須要看清這個組織的心。一般人總是被誘惑去遵循自己的文化本能，困難的地方在於要多深入去為文化合宜性而去反抗文化直覺本能，去有意使用新詞彙來發放新資訊，藉此達到組織中一種新的內部平衡。

4. 鬆懈現象

查爾斯·漢迪認為，組織上的鬆懈現象是指組織體系內的某個地方不合群了。其實，一定程度的鬆懈並不是壞事，因為全然消瘦的組織，在計畫好的活動裡出現不合常規的狀況時，會覺得難以應付。鬆懈可以用來消弭碰撞的腫塊度過艱難的時段，以及利用一些意想不到的機會。

1. 信賴一個陌生人，要比信賴你或你朋友的朋友困難不知道多少倍。
2. 當成本上漲時，就提高產品的價格；當生意不景氣時，就低價促銷；倘若需要處理的事情積壓過多，就拚命加班。
3. 要對團隊有所貢獻，需要的是才能、創造力、新方法與直覺力。
4. 管理就像是家務事，看起來很必須，實際上只是一些瑣碎的雜務；管理者則如同管家一樣，沒有什麼失望。
5. 一個文化喜好的方式，往往正好是另一個文化所憎惡的。

《科學管理原理》腓德烈・ 溫斯羅・ 泰勒

The Principles of Scientific Management

Frederick Winslow Taylor

腓德烈・ 溫斯羅・ 泰勒 ，美國著名管理學家，科學管理的創始人。他西元一八五六年出生於美國賓夕法尼亞傑曼頓的一個律師家庭。西元一八七二年就讀於埃克塞特學校，西元一八七五年為學徒工，西元一八七八年在米德維爾鋼鐵廠先後任生產線管理員、技師、工長、主任等職，西元一八八四年為該廠工程師。西元一八九〇年在一家投資公司任總經理。

西元一八九三年從事管理諮詢工作。一九〇六年任美國機械工程師學會主席，並獲賓夕法尼亞大學和霍巴特學院的榮譽博士學位。一九〇二年獲「伊里亞德．克雷森獎章」。

泰羅是管理學的先驅，被稱為「科學管理學之父」，他在管理學上的作用是無可替代的。他的主要貢獻就在於把管理學發展成為一門新興的獨立學科，並為後來的科學管理理論奠定了基礎。泰羅注重將理論知識運用於管理的實踐中，因此將以前的純理論而不實用的管理學發展成為切實可用的現代化的管理學。

「泰羅制」是他的另一貢獻，是管理學發展史上的一個里程碑式的理論。

在《科學管理原理》中，泰羅全面細緻的闡述了他所提出來的科學管理原理理論的基本內容和基本原則。泰羅指出，科學管理原理的最大特點在於「科學」二字，其含義是指提高生產效率而又不增加雇主和工人的勞動量，從而使雙方都可以從中受益並獲取精神上的動力。這個原理注重的是觀念上的改善和體制上的

轉變。因為人們在隨時隨地所做的任何一件事都不符合「科學」時，其結果是費力而不討好，作為雇主，浪費了資本和勞動力，作為工人，他們的勞動力價格也未能完全實現。所以，必須有一種新的管理機制來取代舊的，這種新的管理機制必須能迅速提高工作效益，節約勞動成本。「科學」的含義也在於它建立的是一種新的管理體制，作為這樣一種體制，其特點在於能實現相互監督，相輔相成的作用，能保證每項工作都是自覺發揮自身最大潛力去做的，並確保每項工作的報酬是與他的勞動成果緊密聯繫的，在管理層也不會有獨裁現象，力爭做到公平、合理。這樣也就避免了個人英雄主義，用現代人的話來說，是用法治來代替人治。作為這樣一種合理而又適用的先進管理理念，其價值是不可低估的，它所改變的也自然不僅僅是某個人的行為或表層上的一個組織的動作，而是從思想上去剔除人們的舊觀念，注入新的觀念。這個新理論的作用是明顯的，在許多工廠裡都被採用並取得了良好的效果。

科學管理理論的內容十分豐富，主要包括以下幾個方面：

1. 科學管理的中心問題是提高勞動生產率，為此，要制訂出有科學依據的工人的「合理的日工作量」，而且必須進行工時和動作研究，即所謂的工作定額原理。
2. 必須為每項工作挑選「第一流的工人」。
3. 要使工人掌握標準化的操作方法，使用標準化的工具、機器和材料，並使作業環境標準化。這就是標準化原理。
4. 制訂並施行一種鼓勵性的計件薪資報酬制度。
5. 工人和雇主兩方面都必須認識到提高勞動生產率對兩者都有利，都要來一次「精神革命」，互相協助，共同努力。
6. 把計畫職能（管理職能）同執行職能（實際操作）分開。
7. 推行職能制和直線職能制。
8. 組織機構上的管理控制原理等。

泰羅在《科學管理原理》一書的開頭便明確的宣稱：「管理的主要目的應該是使雇主實現最大限度的富裕，也聯繫著使每位員工實現最大限度的富裕。」對於雇主來說，最大限度的富裕，意味著實現盡可能低的勞動成本，從而實現盡可能高的利潤。對於工人來說，最大限度的富裕，則意味著獲得比其他同類工人更高的薪資。泰羅認為，為了實現這一目標，就必須使雇主和工人雙方在思想上有一個徹底的轉變，使「雙方不再把注意力放在盈餘分配上，不再把盈餘分配看作是最重要的事情。他們將注意力轉向增加盈餘的數量上，使盈餘增加到一定數量，使如何分配盈餘的爭論成為不必要」。也就是說，勞資雙方要彼此協作，共同致力於增加生產，提高效率，從而實現「高薪資與低勞動成本相結合」。因此，泰羅說：「資方和工人的緊密、親切和個人之間的協作，是現代科學或責任管理的精髓。」

關於這一點，泰羅後來在美國國會的證詞中說得更加明確。他指出：「科學管理不是任何一種效率措施，也不是一批或一組取得效率的措施。它不是一種新的成本核算制度；它不是一種新的薪資制度；它不是一種計件薪資制度；它不是一種分紅制度；它不是一種獎金制度；它不是一種報酬員工的方式；它不是時間研究；它不是動作研究，…，這些措施都不是科學管理，它們是科學管理的有用附件，因而也是其他管理制度有用的附件。科學管理的實質是在一切企業或機構中的工人們的一次完全的思想革命 —— 也就是這些工人，在對待他們的工作責任，對待他們的同事，對待他們的雇主的一次完全的思想革命。同時，也是管理方面的廠長、雇主、董事會，在對他們的同事、他們的工人和對所有的日常工作問題責任上的一次完全的思想革命。同時，沒有工人與管理人員雙方在思想上的一次革命，科學管理就不會存在。這個偉大的思想革命就是科學管理的實質。」可見，科學管理的實質，在於尋找這樣一條途徑或一種方法：使資本家階級的利益同工人階級的利益都能得到滿足，從而使雙方「用和平代替鬥爭」，達到消除階級對立，實現階級調和的目的。

然而，讓高薪資和低勞動成本相結合，從而使勞資雙方利益都獲得滿足的途徑何在呢？泰羅說：「高薪資和低勞動成本相結合的可能性，主要在於一個第一流工人在有利環境下所能做的工作量和普通水準的工人實際做的工作量之間的巨大差距。」而能把這個差距即使潛力挖掘出來的唯一可能途徑，又在於建立一種新的管理體制使第一流工人「樂於以最高的速度工作」，並使每位工人都有可能像第一流工人那樣高速度的工作，亦即「使每位工人充分發揮他的最佳能力」。他認為，當時一般人並不了解這一點，他們往往只看到先進生產設備的重要性，卻不了解只有在良好的體制下，才能培養出優秀的人才。而一旦建立起良好的管理體制，使人們得到有效的組織，就會使「任何一個偉大人物（在舊的人事管理體制下的）都不能和一批經過適當組織因而能有效的協作的普通人們去競爭一日的長短」。因此，科學管理的實質，也可以說是一種良好的管理體制。

工人和經理人員雙方最重要的目的應該是培訓和發掘企業中每一個工人的才能，使每個人盡他的天賦之所能，做出最高檔的工作 —— 以最快的速度達到最高的效率。

常用的一些舊的管理體制的基本做法搞得很死板。它使每位工人都負有最後的責任，實際上就是按每位工人自認為最佳的辦法做自己的工作，經理人員則對之很少協助和過問。由於工人的這種孤軍作戰，使得在這些體制中工作的工人在絕大多數的情況下不可能按一種科學或工藝的規律去工作，儘管這種科學和工藝是存在的。

為了能使工人按科學法則工作，就有必要在資方和工人之間推行一種比現有的責任制更加均等的責任制。資方的責任在於發展這種科學，還應指導和協助在科學法則工作下的工人。他們對勞動成果應擔負更大的責任。工人們操作時每天都應從領導他們的人那裡接受指導，並得到最友善的幫助，而不是像過去那樣，一個極端是受盡老闆的驅使和壓迫，另一個極端是老闆對工人放任不管，工人愛怎麼做就怎麼做，不提供任何幫助。資方和工人之間的親密協作也是現代科學或責任管理的精髓。

科學管理理論是沒有階級性的，也不存在社會制度差異。它實際上是一個廣泛的概念，重在客觀上的評價和控制，提高生產效率，節約生產資本是其目的，而這也是所有工廠的共同願望。在具體操作實施過程中，也完全可以避開外來的各種不同觀念，難度上也不存在過大現象。如果說還有一點困難，那也只是人們對它的產生和發展有一個認識的過程，這是任何新事物的必然經歷過程。認識了解它越多越深，各種反對聲音也就會越來越少。成績是最好的證明。

在舊的管理模式下，要取得任何成就幾乎完全有賴於贏得工人的「積極性」，而真正贏得這種積極性的情況卻是很罕見的。科學管理比起舊的制度來，有可能在更大的範圍內以絕對的一致性去爭得工人的「積極性」。除了工人方面的這種改進之外，經理們也承擔了新的重負、新的任務和職責 —— 這在過去是想也沒想過的。

科學管理理論很明顯是一個綜合概念。它不僅僅是一種思想，一種觀念，也是一種具體的操作規程。泰羅在此提出了四條科學管理的原理：

第一，總結經驗，編為規則。它所要達到的目的一是對工人經驗加以歸納總結，實現實踐性，以避免空泛的理論，二是編為規則後，個人經驗不再是工人工作的原則，用規則讓工人的活動統一化，規範化。

第二，發現人才，培養人才。不同的工人有不同的特點，也有不同的性格。管理者要留心觀察，掌握每位工人的性格，發現其優點；為每位工人制訂合理的發展計畫並透過各種幫助完成其計畫，既可使工人成長，又可為工廠帶來效益，減少浪費現象。

第三，科學選擇，科學培養。這是第二個原理的具體化。為每一個工人選擇發展計畫並按計畫培養，而且還要堅持科學的方法，這同樣是因為不同工人的性格和特長不同所致。這是一個長期的過程。

第四，上下協作，按規章處理事情。工廠的事是雇主與工人共同的事，因為這與他們的切身利益都密切相關。所以需要雙方共同協作；而工廠的規章制度一旦制訂，就要認真履行，以減少不必要的爭吵和浪費。

以上四條原理看似普通，但卻對每間工廠都是不可或缺的。它也是泰羅的科學管理原理的主要內容。

泰羅按照上述科學管理的四條原理，規定了一系列具體的管理制度和方法。歸納起來，這些制度和方法主要包括作業管理和管理組織兩個方面。

泰羅認為，要取得作業的高效率，以實現高薪資與低勞動成本相結合的目的，就必須做到：

第一，要規定明確的高標準的作業量 —— 對企業所有人員，不論職位高低，都必須規定他的任務；這個任務必須是明確的、詳細的，並非輕易就能完成的。他主張，在一個組織完備的企業裡，作業任務的難度應當達到非第一流工人不能完成的地步。

第二，要有標準作業條件 —— 要對每位工人提供標準的作業條件（從操作方法到材料、工具、設備）以保證他能夠完成標準的作業量。

第三，完成任務者會給高薪資 —— 如果工人完成了給他規定的標準作業量，就要付給他高薪資。

第四，完不成任務者要承擔損失 —— 如果工人不能完成給他規定的標準作業量，那麼他必須承擔由此造成的損失。

---

1. 科學管理超過積極性加刺激性管理的第一個優點是能不斷的取得工人的主動性 —— 工人們的勤奮工作、誠意和才能；而在採用最好的舊式管理方法時，只能偶然的不大經意的得到工人們的積極性。
2. 不論何時，在何種機構，不論工廠是大還是小，不論工作是最一般的還是最複雜的，正確的運用科學管理的四個原理，都將取得效果。不但比舊式管理所能得到的效果大，而且要大得多。
3. 能夠取得工人們的積極性只是科學管理優於舊式管理方式的兩個理由中比較次要的一個。科學管理的更大的優點是企業中巨大的、非常繁重的新責任與負擔，都要由管理方面自覺承擔起來。
4. 有人對使用「科學」這個詞，提出尖銳的反對，我覺得可笑的是，這些反對者的大多數，是來自我們這個國家的教授們。他們對隨便使用這個詞 —— 甚至用在日常生活瑣事中，表示十分反感。
5. 管理的主要目的，應該是使雇主實現最大限度的利益，同時也使每位員工實現最大限度的利益。
6. 科學管理意味著對每項工作進行個別研究和區別對待，而在過去卻是把它們圈在大團隊裡進行處理的。

7. 任務和獎金，構成了科學管理在結構上的兩個最重要的因素。因為它們本身就是個頂點，在整個科學管理的結構上就要求比其他因素更優先加以應用。

《動機與人格》亞伯拉罕·哈羅德·馬斯洛

Motivation and Personality *Abraham Maslow*

亞伯拉罕·哈羅德·馬斯洛，美國行為心理學家一九〇八年四月一日出生於美國紐約的布魯克林區，一九三〇年獲美國威斯康辛大學學士學位，一九三一年獲該校碩士學位，一九三四年獲得該校博士學位。一九三〇年至一九三五年為威斯康辛大學助理講師。

一九三五年至一九三七年在哥倫比亞大學任教。一九三七年至一九五一年先後為布魯克林學院心理學講師、副教授同時負責管理馬斯洛桶業公司。一九四七年至一九四九年任馬斯洛 —— 庫珀蘭奇公司工廠經理。一九五一年至一九六一年任馬薩諸塞州布蘭代斯大學心理學系主任、教授。一九四六年至一九六〇年任美國心理學會理事。一九六二年至一九六三年任新英格蘭心理學協會主席。一九七〇年去世。

馬斯洛在管理領域的主要理論貢獻是在亨利·默里理論的基礎上，進一步提出了「人類基本需要等級論」。這一理論及其需求等級模式現在為世界管理界普遍接受，流傳甚廣。

本書一般被認為是馬斯洛的奠基作，在這本著作中，他的一些主要思想都已形成，其中包括影響極大的「需求層次論」和「自我實現論」。在馬斯洛之前，西方心理學領域占主導地位的是兩大思潮，即以佛洛伊德為代表的精神分析學派（第一思潮）和以華生為代表的行為主義學派（第二思潮）。以馬斯洛為代表的人本主義心理學派，無論在思想內容、研究方法和研究對象上，還是在心理治療方

法上，都在揚棄精神分析學說和行為主義理論方面有所突破，形成了西方心理學史上的「第三思潮」。

人本主義心理學的思想方法馬斯洛始終強調在心理學研究中要採用整體論的方法。他認為，一種綜合性的行為理論必須既包括行為內在的、固有的決定因素，又包括外在的、環境的決定因素。佛洛伊德學說只注重第一點，而行為主義理論只注重第二點。這兩種觀點需要結合在一起。僅僅客觀的研究人的行為是不夠的，要有完整的認識必須研究人的主觀，必須考慮人的情感、慾望、企求和理想，從而理解他們的行為。馬斯洛認為應該把人作為一個整體、一個系統來研究。既然每個部分與其他部分都緊密相關，那麼除非研究整體，否則答案將是片面的。大多數行為科學家都企圖分出獨立的驅動力、衝動和本能來，對它們分別做研究。但這麼做一般都不如整體論方法有效，因為整體論方法認為整體大於其各部分的總和。

人類動機理論

人類動機理論是本書的核心部分，從某種程度上也可以說，本書自始至終都在闡述人類動機理論。這種理論幾乎可以運用到個人及社會生活的各個領域。

馬斯洛認為，個人是一個統一的、有組織的整體，個人的絕大多數慾望和衝動是互相關聯的。驅使人類的是若干始終不變的、遺傳的、本能的需要，這些需要是心理的，而不僅僅是生理的，它們是人類天性中固有的東西，文化不能扼殺它們，只能抑制它們。至於這些基本需要如何界定，馬斯洛指出作為一種基本需要，必須符合以下一些情況：(1) 缺少它會引起疾病；(2) 有了它免於疾病；(3) 恢復它治癒疾病；(4) 在某種非常複雜的、自由選擇的情況下，喪失它的人寧願尋求它，而不是尋求其他的滿足；(5) 在一個健康人身上，它處於靜止的、低潮的或不起作用的狀態中。

基於這種界定，人類的各種需要分成幾種遞進的需求等級。

生理需要是人的需要中最基本、最強烈、最明顯的一種，人們需要食物、飲料、住所、性交、睡眠和氧氣。一個同時缺少食物、自尊和愛的人會首先要求食物，只要這一需求還未得到滿足，他就會無視其他的需求或把所有其他的需求都推到後面去。

馬斯洛認為，生理需要在所有的需要中是最優先的。其具體的意思是：在某種極端的情況下，一個生活中缺乏任何東西的人，主要的激勵因素是生理需要，而不是其他。一個缺少食物、安全、愛和尊重的人，他很可能對食物的渴望比對其他的東西更強烈。如果所有的需要都得不到滿足，身體就會受到生理需要的支配，所有其他的需要簡直變得不存在了，或者被推到了一邊。這時可以用「飢餓」一詞來描述整個身體的特徵，人的意識幾乎完全被「飢餓」占有。所有的機能都被用來滿足飢餓，這些組織機能幾乎都為一個目的所支配：消除飢餓。此刻，感受器官和反應器官都可能被看作是消除飢餓的工具。那些對達到這個目的的無用的機能則潛伏起來，或是退入隱密狀態。當這種需要得到滿足時，又有更為高級的需要出現，依此類推。這就是人們所謂的「人的基本需要組織起來成為相對的優勢需要等級」的意思。

如果生理需要相對充分的得到了滿足，就會出現一整套新的需要，我們可以把它們大致歸為安全的需要。這類需要大致包括對安全、穩定、依賴的需要，希望免受恐嚇、焦躁和混亂的折磨，對體制、秩序、法律和保護者實力的需求等。

在現實社會中，凡健康、正常的成人，其安全需要基本上都得到了滿足，一個和平安定的社會，通常不會受到野獸、極冷或極熱的氣溫、罪犯、攻擊、暴政等的威脅，能使其社會成員感到安全。

就像飽漢不飢餓一樣，一個安全的人也不再感到危險。如果要直接的、清楚的看到安全需要，就必須觀察那些有神經病症的人以及那些經濟上或事業上的失敗者。在上述這兩個極端情形之間，人們可以看到安全需要的心理現象的下列表現：人們偏愛有職位保障的固定工作，要求在銀行有積蓄以及加入各類保險（如醫療、失業、殘廢、老年等）。

人們尋求安全和穩定的心理現象還有如下表現：人們普遍喜愛熟悉的事物，而非不熟悉的事物；已知的事物，而非未知的事物。人們傾向於信奉某種宗教或哲學以把宇宙和人類組合成一種意義上的令人滿意的和諧整體。這種傾向也部分的受到了安全需要的激勵。可以這樣講：一般而言，科學和哲學都部分的受到了安全需要的激勵。

另外，安全需要還被看作是在緊急情況下，戰爭、疾病、自然災害、犯罪浪潮、社會騷亂、精神官能症、腦損傷或長期處於逆境下的調動身體能源的主要積極因素。

社交的需要是指人對於友誼、愛情和歸屬的需要。馬斯洛認為，當生理需要和安全需要得到滿足之後，人們便希望友誼和愛情，希望受到團隊的接納，得到團隊的幫助。此時，個人將前所未有的、強烈的感受到朋友、情人或妻子和孩子不在身邊的寂寞。他將產生與人廣泛交往的慾望，換言之，他要在群體中找到一個位置。他將竭盡全力達到這個目的。他希望得到一個位置勝過世界其他的一切。他甚至可能忘記這樣的事實：當他挨餓時，他曾譏笑過愛情。在現實社會中，社交的需要受到挫傷的現象在精神病理中是最常見的核心問題。人們看待友誼、愛情和可能的性慾表現時，均有一種矛盾的心理，習慣上要受到許多清規戒律的束縛。實際上，所有的精神病理學理論家都強調，愛的需要受挫傷是順應不良的基礎。許多臨床研究因此對這種需要進行了研究，所以對這種需要的理解比其他需要的都更多一些。在此，有一點必須強調：愛不是性慾的同義詞。性慾可以作為純粹的生理需要來研究。通常，性行為是由多重因素決定的，也就是說，性行為不完全取決於性慾，還取決於其他種類的需要，其中主要是愛的需要。同時，也不能忽視另一事實：愛的需要包括愛和被愛兩個方面。

馬斯洛發現，人們對尊重的需要可分成兩類：自尊和來自他人的尊重。尊重的需要是指人的受人尊重和自尊的需要。人一方面都希望得到名譽、地位和聲望等，希望受到他人的尊重和承認；另一方面也希望自己具有實力、自由、獨立性等，感到自己存在的價值，從而產生自尊心、自信心。這兩方面中，後者要以前者為基礎，否則便形同孤芳自賞，難以持久。這類需要很難得到完全的滿足，然而它一旦成為人的內心渴望，便會成為持久的推動力。馬斯洛認為，在現實社會中，所有的人都有一種需要或慾望，要求對自己有一種堅定的、基礎穩固的並且通常是高度的評價，要求保持自尊和自重，並得到別人尊敬。所謂基礎穩固的自尊，意思就是說這種自尊是以真實的才能和成就以及別人的尊敬為基礎的。這種需要可以再分類：首先是那種要求力量，要求成就，要求合格，要求面對世界的信心，以及要求自由和獨立的慾望。其次，還有一種慾望，可以稱之為要求名譽或威信、表揚、注意、重視或讚賞的慾望。馬斯洛認為自尊的需要得到滿足後，就會使人感到自信、有價值、有力量、有能力並適於生存。如果這種需要得不到滿足則使人感到低人一等，軟弱或無能為力。以至於產生嚴重的沮喪情緒或神經質的傾向。在某些關於人們的基本自信的必要性及缺乏這種自信會造成怎樣無能為力的狀況。

自我實現的需要是指人希望從事與自己能力相稱的工作，使自己潛在的能力得到充分的發揮，成為自己嚮往的人物。就像音樂家必須奏樂，畫家必須繪畫，詩人必須寫詩一樣，每個人都希望從事自己所指向的事業，並從事業的成功中得到內心的滿足。自我實現是馬斯洛需要層次理論中最高層次的需要。它的產生依賴於四個層次需要的滿足。自我實現指的是人們有一種意向要使他潛在的本質得以現實化。這種意向可以簡單的描述為人們需要越來越真實的體驗自己的慾望，要求盡可能充分的實現自己的慾望。實現這種慾望所採取的形式，則因人而異。自我實現的需要的產生有賴於生理需要、安全需要、愛的需要和自尊需要都得到滿足。馬斯洛把這些需要都得到滿足的人稱為基本滿足的人，一般這種人擁有最充分的創造力。在現實社會裡，得到基本滿足的人為數不多，而且不論在臨床經驗和實驗方面對自我實現的了解還都十分有限。這方面始終是一個有待研究的富有挑戰性的問題。

馬斯洛在列舉了以上這些基本需要之後指出，與個人動機有著密切關係的是社會環境或社會條件。如果在某些滿足基本需要的先決條件遇到威脅時，人們就會做出類似基本需要受到威脅時的那種反應：人們會保衛那些條件，因為沒有了它們，基本需要的滿足就無從談起，或至少受到了嚴重的威脅。

人的基本需要一般呈現出前面所列出的那種順序，但不要過於拘泥的理解這種順序。在這個社會中的人，並不是在對食物的慾望得到了完全的滿足以後才會出現對安全的渴望。他們的絕大多數是基本需要部分的得到了滿足，但仍有幾種基本需要還沒有得到滿足，而正是這些尚未得到滿足的基本需要強烈的左右著人的行動，在這種情況下，馬斯洛又把需要大致分成高級需要和低級需要兩類，並專門討論了在高級需要和低級需要之間的各種差異。

除了基本需要理論，或者需要層次以外，馬斯洛還在本書中提出了自我實現的理論。他把自己研究的傑出人物稱為自我實現的人。普通人的動機來自於缺乏，即是力圖滿足自己對安全、歸屬感、愛情、自尊等的基本需要，而自我實現的人的動機主要來自於他對發展、實現的潛力及能力的需要，即主要來自於自我實現的慾望。創造性是這類人的一個普遍特點，此外他們都具有很強的洞察生活的能力，很少有自我衝突，善於自我控制，喜歡超然獨立、離群獨處，具有深厚的人際關係等等，但偶爾也會表現出異常的、出乎意料的無情。

大多數人都不屬於自我實現的人，他們尚未達到這個境地，但他們正走向成熟，自我實現的過程意味著發展現有的或潛在的能力，發展或發現真實的自我。

馬斯洛明確批評了佛洛伊德心理學，他指出：研究有缺陷、發育不全、不成熟和不健康的人只會產生殘缺不全的心理學和哲學，而對於自我實現者的研究，必將為一門更具有普遍意義的心理科學奠定基礎。

---

1. 在某種極端的情況下，一個生活中缺乏任何東西的人，主要的激勵因素大多是生理需要，而不是其他。
2. 現實社會中，所有的人都有一種需要或慾望，要求對自己有一種堅定的、基礎穩固的並且通常是高度的評價，要求保持自尊和自重，並得到別人尊敬。
3. 自我實現指的是一種自我實現的慾望。也就是說，人們有一種意向要使他潛在的本質得以現實化。
4. 有一種天生就富有創造性的人，這種人身上的創造驅動力比其他任何反向決定因素都重要。這種人的創造性的出現，不是由於基本需要得到滿足而釋放出來的自我實現，而是不顧基本需要的滿足的自我表現。

5. 當一種需要已得到長時間滿足時，需要的價值可能被低估。
6. 某些有心理變態的人是說明永遠失去愛的需要的生動的例子。根據實際資料來看，這種人在生命早期的歲月中就缺少愛，因而永遠失去愛和被愛的慾望和能力，這正如動物出生後沒有立即鍛鍊就會喪失吸吮和啄食的反應能力一樣。
7. 有些人的志向水準可能永遠處於死寂或低下狀態。

也就是說，在需要層次結構中較高層次的需要可能乾脆消失了，而且可能永遠消失了。結果，這種人始終生活在低水準上，例如長期失業。他們可能繼續在餘生中僅僅滿足於獲取足夠的食物。

《合作競爭大未來》
尼爾・拉克姆、勞倫斯・傅德曼、索察・魯夫

Getting Partnering Right

Neil Rackham and Larry Friedman and Richard Ruff

尼爾・拉克姆，美國國際性研究與顧問公司荷士衛機構的總裁。在銷售效能研究領域內，瑞克曼被視為一個先鋒，並曾在銷售能力的改善上，進行過多次研究並提出了洞察深刻的精闢見解，著作有《銷售巨人》等書。

勞倫斯・傅德曼，荷士衛機構的客戶服務經理，有關顧客服務與訓練計畫的設計均出自其手，也為客戶提供個案與實例的研究。他擅長將一些發展中的新觀念 —— 像是夥伴關係 —— 轉化成具體的客戶策略與技巧。傅德曼曾在安達信顧問公司從事科技與變革管理的工作，著作甚豐，也是高科技產業中有關「夥伴關係」議題的發起者。

索察・魯夫，荷士衛機構的執行副總裁。他有二十五年橫跨學術界、政府機關與私人企業的諮詢顧問經驗，曾與美國五百家大企業中的許多組織合作過，他著有《重點銷售管理》一書。

三位作者作為銷售領域的權威人士，其突出貢獻在於將實踐中的問題、新觀念和案例引入到理論中進行了深入的探討。

《合作競爭大未來》出版於一九九五年，書中提供了全新的經營策略：不要總是期盼搶到更多的蛋糕，而是要將蛋糕做得更大 —— 合作競爭大未來。很多跨國公司的總裁都對這一經營策略深有同感，並在實際經營中加以採用。

隨著跨國公司的迅速發展和國際競爭的加劇，傳統的管理理論已不能滿足現代社會發展的需要。美國管理學家以全新的視角提出了企業蛻變理論、競爭優勢理論、合作競爭理論等，用以滿足企業的發展壯大和獲得競爭優勢。

本書的三位作者認為真正的企業變革，指的是組織之間加強團結合作、用合作創造價值的方法來產生變化；公司開發出新的合作經營方法，協助企業取得前所未有的獲利能力與競爭力。這種新關係稱為「夥伴關係」。

夥伴關係帶來了更佳的生產力、更低的成本和新市場價值的創造等。在全球，這種夥伴關係策略逐漸改變了許多國家企業的經營方式，而夥伴關係出現的原因有二：一是縮減供應商數目的同時保證品質的可靠和價格的優惠。二是以前企業提高生產力的措施是削減費用、減少管理層次、重新設計流程、改善資訊系統、例行事務的自動化等，但這些措施的注意力在公司內部。事實上，企業平均有百分之五十五的收益會用到產品與服務上，即公司有大半收益花在對外採購上。有些公司開始大量縮減供應商數目並挾帶著大額採購的優勢強迫供應商大量削減成本，表面上似乎奏效，實際上有些企業開始失去供應商的忠誠與信賴，原料供給出現危機。夥伴關係的變革使得供應商和企業在各自的市場中具備了長期的競爭優勢。

作者認為，造就成功的夥伴關係有三個基本的因素是不可或缺的：貢獻、親密與遠景。

貢獻用以描述夥伴間能夠創造具體有效的成果，成功的夥伴關係可以提高生產力和附加價值，最重要的是，也改善了獲利能力，貢獻可說是每一個成功夥伴關係「存在的理由」。成功的夥伴關係超越了交易關係而達到相當程度的親密度，這種親密的結合在舊式的交易模式中是無法想像的。另外，成功的夥伴關係間必須有遠景，亦即對夥伴關係所要達到的目標與如何達到的方法必須有生動的想像。

再具體而言，在成功夥伴關係的貢獻中，有三項基本特徵：

一、夥伴關係的雙方都必須為提高貢獻而對自身的某些操作流程或其他方面進行改革。

二、夥伴關係把利潤大餅做得越大，雙方就可以越公平的分享所增加的總和利潤。如果供應商和企業執行適當的分配比例，則會形成一種雙贏的局面。貢獻不會憑空出現，貢獻需要一個培育夥伴關係的環境，才能激勵彼此進行改造，這是維繫長期且深入的合作方式的最好辦法。

三、相互的競爭優勢。透過夥伴關係，供應商和企業的利益捆在一起，哪方面的競爭優勢出現問題必會影響另一方，所以雙方都必須共同的來保持競爭優勢。

親密關係有三個基本層面：互信、資訊共用、夥伴團隊本身。在每一個成功夥伴關係中，高度的信賴、重要策略資訊的頻繁交流以及兩者之間強而健全的團隊永遠居於核心的位置。反之，如果雙方之間缺乏信賴，資訊的交流只會是短暫的而且難以擺脫交易性質，夥伴之間的團隊只是供應商或客戶單方面的一廂情願，這種關係很難持續。

在夥伴關係中，互信不僅僅是誠實坦白，而是更進一層，表現不在於你說什麼，而在於你代表誰，在於你能否不計報酬的引薦最佳的對策，也不計較誰主導或誰將從中獲利。供應商如果具備這種不偏無私的觀點：一切以客戶的利益為根本，並以此作為往來的指引，會讓客戶對你的無私做法有深刻印象，這也正是建立客戶親密關係的基石。另外，還必須將此互信的作用善加運用和發揮，互信本身並不是最終的目標。互信使銷售人員有取得最新資訊的管道，同時也有助於讓銷售人員向客戶提供更多更深入的重要資訊。

對顧客需求、企業方向、策略、偏好以及市場趨向等等的深入了解，正是競爭優勢的重要來源。銷售人員的資訊缺乏以及其他方面的資訊缺乏要求資訊共用。資訊共用的原則有：1. 互惠；2. 事業層面的焦點，即資訊交換的重點應該超越銷售之上，而將夥伴間整體的事業議題涵蓋在內，滿足在這之上的更大需求，同時也發掘更多的價值；3. 著眼未來而非現在。

夥伴關係的導向系統是遠景，共用的遠景是所有成功夥伴關係的起點和基礎。遠景之所以重要，是因為它提供「為什麼要建立夥伴關係」的答案。在遠景中明確描述出潛在的價值，借此為夥伴關係提供方向指引，也為這個過程中的風險與花費提供合理化的理由。為夥伴創造遠景的方法模式如下：

1. **評估夥伴潛能**。評判該夥伴關係是否具有足夠的潛能。
2. **發展夥伴前提**。夥伴前提是指描述一些簡單明瞭、具有吸引力的事業主題，雙方可以在這個主題上共同合作，漸漸的開發出共有的遠景。
3. **共建可行性評估小組**。當圍繞夥伴前提的初步討論漸漸引導出對潛在價值的共識後，夥伴供應商與客戶之間會共同組成工作小組，對夥伴關係的可行與否進行評估，同時，小組成員在他們公司中也躍居夥伴關係的主要角色。
4. **創造共用遠景**。一旦雙方認為這個夥伴關係確實必要且可行後，他們就必須創造一個共用的遠景，不僅作為夥伴關係的目標，也為雙方的合作提供指引，共同朝著目標前進。

討論了夥伴關係的三個基本層面後，作者指出，並不是所有的顧客都會成為夥伴，畢竟建立夥伴關係是一種高風險的策略。一方面，夥伴關係絕對是一個有力的客戶關係策略：透過更長久的發展，可以為供應商帶來競爭優勢；另一方面，也使得供應商可以為市場創造出更多的貢獻，讓它們可以與市場的發展一起成長，而不僅是消極的回應自己。但是這種種利益，都必須是在合適的環境中應用於合適的對象才可得到。選擇合適的對象共結夥伴關係，是建立夥伴關係策略中最重要的一個基礎。

選擇有效夥伴有四個最基本、最重要的準則：

1. **創造貢獻的潛**能。是否能在夥伴關係中創造真正且獨特的價值，而這在傳統的供應商 —— 客戶關係形態中所無法達成的。
2. **共有的價值**。考察供應商與客戶在價值觀上是否有足夠的共通性，夥伴關係是否真實可行。
3. **有利於夥伴關係的環境**。研究客戶的購買模式或態度是否適合建立夥伴關係。
4. **與供應商的目標一致**。該夥伴關係是否與客戶自己的方向或市場策略一致。

《合作競爭大未來》尼爾・拉克姆、勞倫斯・傅德曼、索察・魯夫

除了與客戶結成夥伴關係以保持競爭優勢之外，供應商還可以與其他供應商即競爭對手結成夥伴關係，還存在三個理由：

1. **效率與規模經濟**。供應商可以透過與同業的夥伴關係，運用科技的力量合力削減成本與改善效率，這在零售業中尤其盛行。
2. **新市場價值**。在某些產業中，同業供應商之間的夥伴關係進入了一個更新的層次 —— 結合力量創造更多的市場價值，為整個市場引進全新的貢獻，也就是說，廠商之間結合彼此的核心能力，研發新的產品或推出新的方案，在最高的層次中，這種核心能力的結合甚至會扭轉整個產業的方向。
3. **客戶需求**。當然，改變及創造整個產業策略最強而有力的理由在於滿足客戶的期望與需求，供應商之間的攜手合作漸漸的成為客戶的基本要求與期盼，特別是在高科技產業中。因此，廠商別無他途，只能咬緊牙關與其競爭者共謀合作。

如此一來，若要與其他供應商進行強有力的合作，該如何做呢？

作者認為，必須有四個因素：

1. **為合作發展有力的共同目標**。這是夥伴關係課題中的一個關鍵技巧。要與其他供應商建立有效、能獲利的夥伴關係，夥伴雙方必須謹慎的思考每一個夥伴所要成就的目的，並思考彼此利益與需求的重疊處，以及可以為市場帶來哪些獨特的價值。
2. **擴大共同的利益基礎**。當與其他的供應商結成夥伴時，應先界定出所有與其夥伴共用的目標，再引出無法與對方共用甚至是與對方利益衝突的目標，對於介於兩者之間的目標應盡力支援，從而可以擴大利益的共同點，這也是這種夥伴關係中最精彩刺激的一部分。
3. **以客戶利益為中心，明確界定彼此的角色**。界定的步驟是：首先，找出所有可能的角色，並且必須保證能涵蓋所有對該客戶的責任；其次，單獨的透過某些工具或程序，指出意見不同之處；最後，將沒有異議的角色放在一邊，然後花足夠的時間與精力互相協商，剖析彼此意見

的差異，進而得到一些結論。

4. **在夥伴關係中維持平衡**。要夥伴產生忠誠或承諾，除了要讓對方不僅獲得報酬，還要讓他們覺得自己的付出與努力最後會公平的分享到應得的回報。強調貢獻與報酬的平衡，並且付諸實際行動，不失為一個明智的策略，平衡的達成永遠是可能的，並不會因為不曾提及而消失或衰減。問題不在於「是否有平衡的可能」，而在於供應商是否願意在夥伴關係進行過程中隨時去留意夥伴的反應，或在問題出現後，趁著尚容易改變之時，馬上加以調整。

在本書的最後一章，作者再次指出，競爭優勢的來源之一是夥伴關係。你無法忽視夥伴關係，否則損失無從估計。夥伴關係不僅會為客戶也為自己帶來更高的成就與更多的價值，而且還可以彌補組織之間的重疊與浪費，大幅降低成本。而這是單一企業無法獨立做到的。當前，最大的、尚未被運用的競爭優勢蘊藏在組織之間中，而非組織內部。

---

1. 夥伴關係帶來了更佳的生產力、更低的成本和新市場價值的創造等。
2. 不要總是期盼搶到更多的蛋糕，而是要將蛋糕做得更大 —— 合作競爭大未來。
3. 夥伴關係出現的驅動力或原因有二：一是縮減供應商數目的同時要保證品質的可靠和價格的優惠。二是夥伴關係的變革使得供應商和企業在各自的市場中具備了長期的競爭優勢。
4. 在每一個成功夥伴關係中，高度的信賴、重要策略資訊的頻繁交流以及兩者間強大而健全的團隊永遠居於核心的角色。
5. 貢獻、親密與遠景是我們在每一個成功夥伴關係中都能發現的重要成功因素，當然也是最關鍵、最核心的因素。
6. 供應商如果具備這種無私的觀點：一切以客戶的利益為根本，並以此作為往來的指引，會讓客戶對你的無私做法有深刻印象，這也正是建立客戶親密關係的基石。

7. 對於顧客需求、企業方向、策略、偏好以及市場趨向等等的深入了解，正是競爭優勢的重要來源。
8. 造就成功的夥伴關係有三個基本的因素：貢獻、親密與遠景。
9. 一方面，夥伴關係絕對是一個有力的客戶關係策略：透過更長久的發展，可以為供應商帶來競爭優勢；另一方面，也使得供應商可以為市場創造出更多的貢獻，讓它們可以與市場的發展一起成長，而不僅是消極的回應自己。
10. 成功的夥伴關係投注無數的能量，以大幅提高合作的貢獻。他們重新評估與其他公司合作的方式，發現最大的貢獻來自於互相的改變。
11. 當前，最大的、尚未被運用的競爭優勢蘊藏在組織之間中，而非組織內部。
12. 夥伴關係不僅會為客戶也為自己帶來更高的成就與更多的價值，而且還可以彌補組織之間的重疊與浪費，大幅降低成本。
13. 儘管這些供應商產品齊全、銷售能力極佳且致力於經營客戶，但他們無法為客戶帶來更佳的生產力或競爭力。這些供應商會被夥伴供應商永遠的取代，因為夥伴供應商知道要用任何可能的方法為顧客改善生產力，也知道要打造長期的夥伴關係，在越來越多的產業中，差異化的競爭優勢不再只是針對產品、銷售技巧或內部效率而言；漸漸的也來自於你提高與其他企業創造恆久生產力關係的能力。而這也是夥伴關係一詞所要陳述的內涵。

#《管理方格》
羅伯特・R・ 布雷克、簡・穆頓

Synergogy *Robert R. Blake and Jane Mouton*

羅伯特・R・ 布雷克和簡・穆頓，美國著名行為科學家和經營學家，有名的「管理方格」理論的提出者。布萊克一九一八年出生於美國麻薩諸塞州的布魯克林市。一九四〇年獲貝利學院學士學位。一九四一年獲弗吉尼大學碩士學位。一九四二年至一九四五年曾在美國空軍中服役。一九四七年獲德克薩斯大學博士學位。一九四七年至一九六四年為德克薩斯大學心理學教授。一九四九年至一九五〇年成為富布賴特學者。一九六一年起任德克薩斯州奧斯丁科學方法公司總裁。另外，他還先後為英國里茲大學講座教授、倫敦塔維斯托克診所的臨床心理學家、美國哈佛大學研究協會講座教授、日本東京工商行政管理學院行為科學系榮譽成員、美國心理學學會特別會員、國際應用社會科學家協會會員、通用語義學研究所理事等。

布萊克對管理理論的最重要貢獻，是他和穆頓一起提出的「管理方格」法。他們提出這種方法，主要是為了避免在企業管理工作中出現趨於極端的方式，提倡要走 X 理論和 Y 理論相結合的道路。這是一種企業領導方式及其有效性的理論。《管理方格》一書出版後長期暢銷，對西方的經理階層和管理學界有較大的影響。該書於一九七八年修訂再版，改名為《新管理方格》。《新管理方格》一書出版後，對西方的經理階層和管理學界有較大的影響，作者在該書中運用社會學、心理學、人類學、管理學等學科的方法對各個方格所代表的領導方式作了有

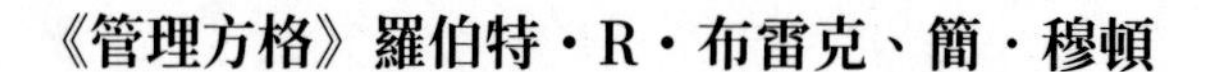

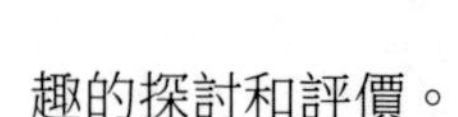
趣的探討和評價。

在管理方格理論提出之前，管理界有一種錯誤的認知，認為在企業管理的工作中要麼以科學管理為主要方式，要麼以人群關係為主，要麼以生產為中心，要麼以人為中心，要麼以 X 理論為依據，要麼以 Y 理論為依據。這實際上是一種極端的方式，為了澄清這種理論上的弊端，作者寫了這本書，指出可以採取在不同程度上互相結合的多種領導方式。

一九六四年，布萊克和穆頓在他們合著的《管理方格》一書中，對企業的領導方式及其有效性進行了分析，他們認為必須克服以往各種理論中「非此即彼」式的絕對化觀點，指出在對生產關心和對人關心的兩種領導方式之間中，可以進行不同程度的互相結合，由此提出了有名的「管理方格理論」。這一理論在美國經理階層及管理學界產生了很大的影響。一九七八年和一九八五年，這兩位作者又先後對《管理方格》一書進行了修改，並融合了各種實踐成果和研究的新進展，從而形成了兩本新作即《新管理方格》和《管理方格III》。《新管理方格》全書共十五章，對管理方格理論和方法進行了詳細闡述。

作者首先指出，只有在人與人之間進行公開坦率的交往，才有可能充分發揮人的作用，從而正確的解決問題和做出決策。如果沒有這種交往，一個組織是不大可能成功的。管理方格理論就是集中研究了什麼樣的情況會導致人與人的交往無效，什麼樣的情況可以使它有效，以及什麼樣的行動可以使無效的交往變得有效。要回答這些問題，首先必須了解管理人員對自己工作中的交往是否有正確的評價。

為此，布萊克設計了一張問卷，針對管理人員的決策、信念、衝突、性情、涵養及努力等六個行為因素，分別列出各種可能的選擇，由管理人員根據自己在管理中的真實行為，選擇相對的答案，以正確了解自己真實的管理方式。

布萊克和穆頓認為所有組織普遍具有三種主要特徵，對這些普遍特性加以有效管理，是透過健全的組織進行有效生產的決定條件。這三個特徵是：

1. 目的。每個組織都有其自己的目的或目標，很難設想一個無目標的組織如何生存。在目前，把生產作為組織的目的是合乎實際的。工業組織的目的是利潤，為了實現這個目的，就要生產產品和服務，因而它可以用生產表示。

2. 人。人是組織的另一特徵，沒有人就不可能達到組織的目標，組織也不可能在一個人單獨行動的環境下存在，而是許多人。

3. 權力。即組織的等級制度。要達到組織目的必須經過許多人的努力，這個過程的結果是有些人透過等級制度的安排而得到管理別人的權力。組織內許多人的共同活動必須得到管理，結果就使組織中的每個人都處於權力等級制度的控制之下，其中有些人得到了權力去管理別人。不過，人們如何利用權力管理別人卻是不相同的。

以上組織的三個普遍特性的相互配合關係可以顯示出一定的領導方式，它具體表現為領導者對生產的關心程度和對人的關心程度以及如何利用權力來取得工作成就。

對生產的關心和對人的關心都是以 9 等分的刻度來表示的。1 代表關心程度最小；5 代表平均的或中等的關心程度；9 代表最大限度的關心；2 至 4 和 6 至 8 也分別代表不同程度的關心。以下為（對生產的關心 . 對人的關心）

(1.9) 鄉村俱樂部型管理對員工的需要關懷備至，創造了一種舒適、友好的氛圍和工作基調。

(9.9) 團隊形管理工作的完成來自於全體員工的貢獻，由於組織的「共同利益」交織的「共同利益關係」，形成了相互的依賴，從而導致信任和尊重的關係。

(5.5) 中庸之道型管理透過保持必須完成的工作和維持令人滿意的士氣之間的平衡，使組織的績效有實現的可能。

(1.1) 貧乏型管理對必須的工作付出最小努力以維持恰當的組織成員關係。

(9.1) 任務型管理由於工作條件的恰當安排，使組織達到高效率的運作，把人為的因素影響降到最小的程度。

按對生產與對人的不同關心程度的相互結合方式，可以劃分出許多類型的領導方式，其中比較典型的是下列五種類型：(9.1) 型。這是對生產最大關心與

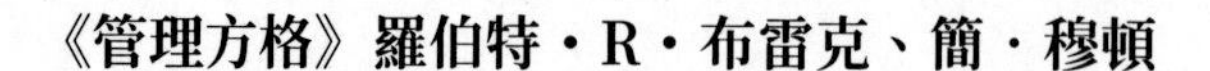

對人最小關心相結合的領導方式。按這種領導方式行事的領導者，一般靠行使職權來有效的控制他的下屬成員，並把精力完全集中在取得最高生產量上，而對人的需要則漠不關心。這類領導人的特點是，力求使自己強而有力，能夠控制並統治別人。

在這種領導方式下，上下級之間是一種權威和服從的關係。這種領導方式在短期內可能取得較高的生產效率。但是，從長期來看，它的副作用卻能使生產效率下降。這種管理方式是基於這樣一種假設，即外部強加的指導和控制理所當然必須在組織的等級系統中自上而下的貫徹下去。（9.1）方式會使組織中的成員感到緊張、疲勞與消沉，繼而會引起疑心和不信任等心理疾病。持這種方式的管理人員可能由於遺傳或由於環境而引起這類極端的管理行為。

（1.9）型。這是對生產最不關心與對人最關心相結合的領導方式。按這種領導方式行事的領導人員，把增進同事和下級對自己的良好感情放在第一位，而對生產效率則不關心。這種領導人員處事的準則是，只要能得到人們的支持和擁戴，他就是安全的。因此，他總是設法滿足下屬成員的慾望和要求，而避免同他們「頂牛」。當發生衝突時，他總是設法平息有情緒者。他在推行自己的主張時，總是優先考慮他人的意見、態度和見解。因此，他很難真正實行正面的領導。在這種領導方式下，不論從短期來看，還是從長期來看，生產效率都不會高。一個組織滲透了（1.9）方式就會滋長一種懶散的、鄉村俱樂部的氣氛。下屬的反應，從感到安全和感到在一種溫暖友好的氣氛中有保障，一直到感到窒息、受抑制、死水一潭和想要跳出這個圈子。（1.9）方式會使組織人員產生受虐和施虐的傾向，並產生疑心病症。持（1.9）方式的管理人員往往在童年時期就如此，至於（1.9）方式對組織的影響，定會使組織變成一種「吃大鍋飯」的群體，給企業帶來深遠的腐蝕作用。

（1.1）型。這種領導方式對生產和對人都極不關心。採用這種領導方式的領導人員，在工作上付出的努力最小。他只求在組織中能保住職位，而不願意做有益於同事和組織的貢獻。他在工作中既不想改變環境，又不想受到這一環境中的他人的喜愛和好評。他對下屬的激勵是退卻和順從，但不超越制度。他照章做事，但這僅僅是為了不受他人的非議。他對待衝突的態度是保持中立，盡可能置身於局外。在這種領導方式下，生產效率只能維持在一個最低的但可以容忍的水準。這裡組織已變成在履行最低限度公民義務的同時維持一種能得到社會公認的公民角色的工具。組織的目標已失去正常意義，因為那必然關係到生產或人的問題。在組織中發生衝突時管理人員往往採取「鴕鳥政策」，而其部屬往往會與管理人員的行為合流。

(5.5) 型。這是一種屬於「中間道路」的領導類型。採用這種領導方式的人員行事的原則是，始終與多數派保持一致，而不是跑到前頭。他的座右銘是：「如果我的想法、看法和行動像大家一樣，而又稍有過之，那我就是一個地位牢固的領導人員。」他的工作方法不是用命令和指揮來推動工作，而是透過激勵和溝通，以懇求和說服，使他人願意工作。這類管理人員的特點是缺乏首創精神，他寧願依賴傳統、過去的實踐和他人的判斷。因此，從長期來看，這類領導人員必然要逐漸落在別人後面。當他們受到同行的積極評價時會體驗到一種幸福感，而在遇到失敗時往往感到孤立和受到羞辱。他們會有很好的人際關係，但卻不可能有什麼深奧的思想信仰。(5.5) 方式是一種「應答式」管理，管理人員不採取命令來促使工作完成，而是以進行激勵和溝通來促成完成，他們避免實施正式權力。

(9.9) 型。這種領導方式對生產和對人的關心都處於高水準。總起來看，這是一種協作式的領導方式。採用這種領導方式的領導人鼓勵大家積極參與管理，勇於承擔責任。他探索和追求的目標既要滿足組織的共同要求，又要滿足個人的需要，因而能激發其下屬成員的獻身精神。他重視健全的決策，因而能聽取和重視不同的觀念、意見和看法，以求找出一種最佳辦法。他提倡上級與下級之間相互尊重，組織成員之間自由溝通，公開表明各自的想法和感受。當出現衝突時，他正視出現的分歧，設法予以解決，並且盡可能在衝突發生之前，使雙方達成諒解和一致。(9.9) 的管理方式認為，在組織的生產需求與人們對豐富的有報償的工作經驗需求之間有著完美的內在聯繫。其座右銘是：「有了慎重、獻身精神和多面性，我們就能真正解決棘手的問題。這就是管理的意義。」即使遇到失敗，也會感到那不是事情的終點，美好前景支持著他們的信念。衝突雖然不可避免，但可以解決，關鍵在於處理衝突的方法。

(9.9) 方式能給組織帶來生機勃勃。一個管理人員從其他一種風格轉變到 (9.9) 風格來，至少需要有五種要素：

1. 理論。管理方格理論能為每位管理人員提供認識可能選擇的管理方式的框架。鑒於方格為進行各種理論之間的系統比較提供了基礎，它使管理人員能夠看到 (9.9) 風格理論與其他理論間存在的相似點和不同點。
2. 價值觀。當管理人員識別到他們認為好的管理應該由什麼構成和對從最可取到不足取的標準加以評價時，在實踐中建立一套估價最高的做法就成為可能了。
3. 克服自欺心理。有許多管理者並不是在按 (9.9) 方式管理，他們卻總認為自己是在這樣做。由於有這種心理的存在，他就沒有明確的改革目的，認為自己早就在奉行這種方式了。
4. 差距。認識到 (9.9) 所重視的準則和承認本人不大可能早就在按 (9.9) 方式管理，那麼他就能看到，他所採用的方式與他想要成為一個真正優秀的管理人員之間的差距。一個人當前所用的方法與他想用的方法之間的缺口會形成一種心理緊張，而緩解這種心理緊張是一種對進一步改善管理的有力的激勵。
5. 社會支持。一個人在由過去的習慣向 (9.9) 風格轉變時，得有同事們積極和明確的支持。因而班組本身就是使老的班組領導方式轉變為更具有 (9.9) 管理風格的社會支援系統。

除上述五種類型外，還可以找出許多不同管理的類型來。在這裡，一個領導人員怎樣把對生產和對人的關心聯繫起來，說明了他行使權力的方式，但要注意一點，當對人的最大關心與對生產不大關心相結合時，這種對人的關心所表達的是使人感到「幸福」；而在對人最大關心與對生產最大關心相結合時，這種對人的關心所表達的就是使人專心致志的工作，以便為組織的目標做出貢獻。

布萊克等分別從經理的動機和行為、目標管理、衝突現象、下屬的反應、對身心健康的含義和童年期根源等方面闡述了各種管理方式的詳細內容。

布萊克和穆頓認為 (9.9) 的管理方式是一種最理想的管理方式，而且可以實現。該書就 (9.9) 方式又專門開闢三章進行深入的討論。他們認為，企業的領導者應該客觀的分析企業內外各種情況，把自己的領導方式改造成為 (9.9) 方式，以求得最高的效率。至於改造的步驟，他們認為可分六步：(1) 學習。主要學習管理方格法的基本原理。(2) 評價。把來自同一部門的管理人員集中起來，確定本部門處於管理中的什麼位置，並提高自己的評價能力。(3) 小組討論。對 (9.9) 方式的規範進行討論和分析。(4) 確定組織目標。在利潤、成本控制、安全等方面要達到什麼要求。(5) 討論如何實現目標。(6) 鞏固成果。把培訓過程中的成就鞏固下來。

---

1. 一個領導人員怎樣把對生產和對人的關心聯繫起來，說明了他行使權力的方式。
2. 採用團隊型管理領導方式的領導人鼓勵大家積極參與管理，勇於承擔責任。他探索和追求的目標既要滿足組織的共同要求，又要滿足個人的需要，因而能激發其下屬成員的獻身精神。
3. 在長期堅持下，家長作風能夠以最低的人員流動來創造一個高度穩定的組織。因為組織成員慢慢的習慣於對所提出的要求無條件的服從。但是，另一方面，在家長作風盛行的地方，總會發生某些最糟糕的臃腫現象和混亂。
4. 只有在人與人之間進行公開坦率的交流，才有可能充分發揮人的作用，從而正確的解決問題和做出決策。如果沒有這種交流，一個組織是不大可能成功的。
5. 在任務型領導方式下，上下級之間是一種權威和服從的關係。這種領導方式在短期內可能取得較高的生產效率。但是，從長期來看，它的副作用卻能使生產效率下降。

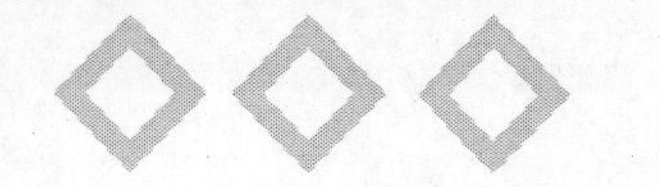

6. 多數組織都沒有一種前後一貫的組織風格。各個部門、分部、地區或子公司都是各想各的對策而沒有一個系統的計畫來加強管理實踐。各個部分都是以一種參差不齊的漸進方式來發展它們自己的特定風格，而每位管理人員又在這種框架內形成自己的風格。一個分部可能像一艘密封的船一樣，開啟充足馬力來滿足其（9.1）風格的管理人員。另一個可能只要符合總部要求就行，而第三個則可能力爭優秀。
7. 就在一種貌似穩定和經歷了長期考驗的組織背景之下，曾經爆發過憤恨和還擊的浪潮，反對管理部門這樣長期的以優惠手段欺矇人們。這種由順從的接受到對抗性的還擊的大轉彎看似矛盾，但有其內在的根源。

《帕金森定律》諾斯古德·帕金森

Parkinson's law *C. Northcote Parkinson*

諾斯古德·帕金森，生於一九〇九年，就學於英國劍橋和倫敦大學，先後在皇家海軍學院、利物浦大學和馬來西亞大學等處執教，為英國皇家歷史學會會員。一九六〇年代舉家移居美國，曾在哈佛大學授課，著有政治、軍事、歷史、經濟等領域作品二十餘部，其中包括一九六八年出版的《帕金森夫人定律》和一九七九年出版的《定律 —— 在繼續尋求之中》。

帕金森是英國著名歷史學家和作家。《帕金森定律》以一九五〇年代的英國為背景，揭露和嘲弄了英國政治社會制度的弊病，在讀者中引起極大反響。「帕金森定律」一詞在世界上廣為流傳，許多人把它當作了官僚主義的代名詞。「這本書讓全世界的人捧腹 —— 並且深思」。

《帕金森定律》是管理著作中的一個風趣插曲。帕金森創作它時正值一九五〇年代末期，當時美國的人際關係學校遍地開花，思想家也不斷對與大規模生產相伴而壯大的官僚主義提出疑問。馬克斯·韋伯宣導的致力於生成檔的官僚機器已經過度成熟，一層一層的行政管理機構也逐漸堵塞了大企業的動脈血管。

帕金森原理非常簡單，就是可獲得的工作完成時間有多長，工作量就有多大。因此，企業增多人員時，根本不須考慮是否應該據此調整生產量。即使人數的成長不會帶來金錢，公司仍然會成長，人們仍然會越來越忙。帕金森發現「官員希望增加下屬，而不是對手」，而且「官員們彼此會提供工作」。

《帕金森定律》諾斯古德·帕金森

如果弗雷德里克·泰羅遇到過帕金森，管理思想的歷史肯定會有翻天覆地的變化。泰羅認為特定工作的完成會有一個最佳時間長度；帕金森則用充滿厭惡但十分精確的筆觸對此好好的挖苦了一番。沒有固定規則 —— 一切有賴於做這些工作的人和他們的具體情況。「一個悠閒的老太太可以花上一整天時間來寫張明信片。並寄給她在伯格那奇的侄子。」帕金森寫道。「一個小時用來找明信片，另一個小時用來找眼鏡，半個小時用來查詢位址，一個小時零一刻鐘用來措詞，二十分鐘用來決定去街對面郵筒投信時是否要帶雨傘。而對一個忙碌的人，完成這一切只要三分鐘，但若以老太太的方式，就足以讓一個人經過一整天疑惑、焦慮和艱辛之後，累得趴在地上，動彈不得。」

帕金森最擅長的是描述謙卑的行政管理者。他發現當這些行政管理者精力下降，感覺工作過量時，會面對三個選擇：退休，與同事平分工作或申請增加下屬。「在整個公務員發展史上，很可能所有的選擇都是第三種，」帕金森寫道。

帕金森對那些別無選擇的行政管理人員也表示了深深的同情，正是這一點使《帕金森定律》依然沒有被人淡忘。他在描述行政人員「A」離開辦公室的情景時，加上了一絲喜悅色彩，「在重重暮色中，關上辦公室的最後一盞燈。A 鬆弛了雙肩，苦笑著想道：『如同灰白的頭髮，遲遲回家也是成功的代價。』」帕金森沒有提出解決問題的建議。「除去野草可不是植物學家的工作。他能告訴我們這些草長得有多快，就已經做得很夠了，」他解釋道。《帕金森定律》是工商界的「第二十二條軍規」，雖然它看上去玩世不恭、幽默風趣，但深層卻富含敏銳的洞察力。

帕金森警告道：將任何管理學書籍看得過於神聖都是一場災難。「上帝禁止學生們讀任何關於公共科學或工商管理的書籍，除非它們已被明確歸類於幻想類書籍。」

在《帕金森定律》一書中，帕金森教授對於機構人員膨脹的原因及後果作了非常精彩的闡述：

一個不稱職的官員，可能有三條出路：一是申請退職，把位子讓給能幹的人；二是讓一位能幹的人來協助自己工作；三是聘用兩個水準比自己更低的人當助手。

第一條路是萬萬走不得的，因為那樣會喪失許多權利；第二條路也不能走，因為那個能幹的人會成為自己的對手；看來只有第三條路可以走了。

於是，兩個平庸的助手分擔了他的工作，減輕了他的負擔。由於助手的平庸，不會對他的權利構成威脅，所以這名官員從此也就可以高枕無憂了。兩個助手既然無能，他們只能上行下效，再為自己找兩個更加無能的助手。如此類推，就形成了一個機構臃腫、人浮於事、相互踢皮球、效率低下的領導體系。

這部分闡述是《帕金森定律》一書中的精華，也是帕金森定律的主要內容，常常被人們轉載傳誦，用來解釋官場的形形色色。

要打發時間就得多找事情做，這是大家公認的事實，所以俗語說「真正忙的人是騰得出時間的」。

假如完成工作所需的時間，有如此之大的彈性，那就可以說明工作量和做這份工作的人數之間關聯性很小，甚至可能是毫無關係。不認真做事不一定顯得悠閒，無所事事也不一定能從懶散上看得出來。

大家可能都認為，事情的重要性和複雜性應該和辦這件事情花去的時間成正比。政治家和納稅人可能相信（偶爾也懷疑），公職人員多了，工作量肯定就成長了。但有的人不信這一套，他們認為員工人數成倍上升，必定會有某些人閒下來無事可做，要不就是大家的工作時間一律縮短。對這個問題，相信和懷疑都不正確。

員工人數和工作量毫不相關，員工人數的成長是服從帕金森定律的。

不論工作量有多少，甚至完全沒有工作量，員工人數的變化總逃脫不了帕金森定律。這條定律的真實可靠性可以從統計數據得到證實。

眾所周知，英國的出版社向來是以雜亂無章的環境而聞名的。

一個人走到顯然是入口處的地方時，會被引導向屋外走，繞過一座建築物，走下一條小巷，然後再爬上三段樓梯，才會到辦事處。

見識過出版社的這種破舊簡陋和臨時湊合的環境之後，當我們看到那些外表整齊又方便的建築物時，心情不禁萬分舒暢。

《帕金森定律》諾斯古德・帕金森

那些銅和玻璃製造的外門，對稱的立在正門的中央，擦得發亮的皮鞋在光鮮照人的地板上輕快的滑向閃閃發光和無聲的電梯。高度修養的接待員以鮮紅的紅唇向冰藍色的電話聽筒嬌滴滴的說話，當她看見來拜訪的你時，會主動招呼你坐在電鍍的扶手椅子裡，以迷人的微笑告訴你：「請您稍微等候。」

從高貴的雜誌往上看，你會發現寬大的走廊如何伸展到 A、B 和 C 部門，關閉的門後面時而傳出有規律的打字機聲音。

一分鐘後，你出現在董事長的面前，陷在他的地毯裡，被大人物的不斜視的目光催眠著，並且被掛在牆上的巨大畫像嚇唬著，你會覺得終於找到了真正有效率的工作環境。

但是，當你透過眼前的場景看到事情的真相時，你將會大失所望。

現在人們知道，那些瀕臨破產的公司，通常會布置富麗堂皇的辦公室來虛張聲勢。這個看來很矛盾的結論，是根據大量考古學和歷史學的研究得到的。

因為在業務旺盛的時候，沒有人會有時間去企劃一座完美的辦事處。只有在所有的重要工作都已完成後，人們才有時間這樣做。可見，完善是終結，終結是滅亡。

一個機構，如果它的領導在該退休的時候還比其他人能幹，是否一定要他讓賢呢？很明顯，一個人在四十七歲時仍然屈居為他人的下屬，那麼他永遠不配做任何其他的事情。到領導該退休時，他的直接下屬已經太老，而且已經屈就太久了。他們所能做的就是阻撓所有地位比他們低的人，這點他們肯定是有把握做到的。這麼一來，在很多年裡，不會出現一個能幹的繼任者，甚至永遠不會出現一個能幹的繼任者。除非有一些突變，使一個新的領袖出現在面前。所以它必須做一個艱難的決定，除非領導即時離去，否則最終對整個機構不利。

領導越是能幹、留任越久，就越難取代他。所以，如何使領導離去將是這個機構最棘手的問題。

在過去，如果一家公司想叫一個董事主席背包走人，通常是其他的董事在董事會上「發表」根本聽不見的談話，只是把口張開和關閉而已，而另外一個董事，則不停的點頭，裝成能聽懂那個人說話的樣子，使主席認為自己已經又老又聾了。

但是，過去這種粗糙的辦法已經被廢棄了，與其他事情一樣，現在人們求助於現代的科學方法。

這個更有效和更有把握的辦法，主要是以坐飛機旅行和填寫表格來完成。研究結果證明：這兩種活動的結合，可以造成任何一個高級人員徹底的精疲力竭。

比如把一系列的會議程序表放在某個高級人員的面前：六月在西伯利亞開會，七月在北極圈開會，八月在南極圈開會，每次會議為期三週。人們告訴他：部門或機構的聲望完全有賴於他出席這些會議，而且若派別人去出席，會使其他國家的代表感到受辱。他的行程表讓他奔波於不同的會議之間中，一年只能回到辦公室三四天。

當他回到辦公室時，發現辦公桌上堆滿了待填的表格，有些是關於他的行程的，有些是關於拖欠的帳單的，其餘的是關於所得稅的。

在出席完了南極圈會議，填寫了一大堆表格後，他會接到另一系列的會議行程表：九月分在冰島開會，十月在關島開會，十一月在亞馬遜河開會。到了十二月，他會承認自己不行了，打算明年一月宣布退休。

在任何行程中，他絕無機會享受安閒的郵輪航程，全部旅程都是在飛機上度過的，而且每一次的班機一定是清晨兩點五十分起飛，必須在清晨一點三十分到達機場；飛機原定隔日清晨三點十分到達目的的，可是，由於某種原因，拖延到三點五十七分才到達，於是在經過海關時已是清晨四點三十五分；回程時，數小時吃不到東西，餓到接近暈倒，他才獲得一杯薄酒沾唇。

當然，大部分的飛行時間是花在填寫各種各樣的表格上，包括貨幣和健康申報表，身上帶多少英鎊、美元、法郎、馬克、日元，多少信用卡、旅行支票、郵票和匯票？昨晚和前晚你在何處睡覺？你何時出生，你祖母的娘家姓什麼？……

試驗結果顯示：一個身居要職的老年人，在經過多次這種飛機旅行和填寫表格的折磨後，都會被迫宣布退休。甚至有跡象顯示，有些老年人在接受這種折磨前便自行退休，當他一聽到要送他去斯德哥爾摩或溫哥華開會時，他就知道該是讓賢的時候了。

《帕金森定律》諾斯古德．帕金森

一個委員會的性質是有機組織，而不是一種機械的結合物。它就像一棵植物，會生根成長，開花結果，然後枯萎凋謝，還會把種子散播開來，使其他的委員會得以接著開花結果。只有懂得這種原理的人，才能真正的了解現代政府的結構和歷史。

在顯微鏡底下做初步研究，組織學專家、歷史學者甚至對組建內閣者來說，一個委員會的最理想陣容是五個人。

五個人容易召集，而且在開會時可以有效的、機密的和迅速的做事。在這五個人當中，四個人可以分別精通財政、外交、國防和法律政治。第五個人，他不擅長上述的任何方面，通常出任主席或部長。

無論把成員局限在五名是多麼的方便，但根據觀察，我們發現委員會的人數會很快的增加到七名或九名。這種增加的藉口總是說需要上述四種領域之外的特別技能。

在一個九個人組成的內閣裡，三個人制訂政策，兩個人提供資料，另一個人主理財政，加上中立的主席，總數是七個人。乍看一下，另外兩個人似乎純粹是點綴。

大約在西元一六三九年，英國的內閣就是這樣分配職務的。我們至今尚不知道另外兩個緘默成員的職務是什麼，不過我們有理由相信，一個內閣進入第二階段的發展時，是不能沒有他們的。

許多國家的內閣，仍然處在第二階段，就是說把成員局限在九個人，不過這種內閣仍然是少數。在其他地方和較大的國家，它們的內閣成員通常都會有所成長。

新的成員會隨時加入，有些自稱是擁有特殊的學識，但多數是不得不招攬入閣的，因為他們在閣外會製造擾亂。只有把他們牽連在每一項決策裡，才可以封住他們反對的口。由於新成員一個接著一個的被帶了進來，內閣成員的總數迅速的由十名增加到二十名。處在這第三階段的內閣，已經出現相當多的缺點。

最明顯的缺點是，很難在同一時間和地點把這些人召集在一起。

一個成員在十八日出國，另一個則非到二十一日不回，第三個每逢星期二總是沒有空，第四個在下午五時以前絕不出席。

這些只是麻煩的開端。因為，一旦多數人會合在一起，極大可能都是些老態龍鍾、疲憊不堪、聽覺不靈者或聾子。這些成員很少是因為他們的貢獻而入閣的，大多數人入閣，可能只是為了討好某些外面的利益集團。

然而，這些受操縱的成員越是堅持本集團的利益，其他的集團就越理直氣壯的要求委派自己的代表入閣。於是，人們繼續尋求透過增加閣員來獲取權力。二十個人的總數已經達到，並且超過。結果，內閣突然間進入最後的發展階段。

在這個階段，內閣的發展遭受突如其來的變化。

首先，舉足輕重的那五個人已經事先會晤過，並且制訂了決策，沒有什麼留下來給象徵式的閣員做的，所以他們不反對委員會人數的擴大。

其次，更多的成員不見得會浪費更多的時間，因為整個會議就是在浪費時間。這麼一來，透過接受外面集團的代表入閣，委員會可以暫時緩和他們的壓力。

可是經過數十年的時間，他們才發現所謂的利益是如何的虛幻。

隨著閣門大開，閣員的人數由二十名增加到三十名，由三十名增加到四十名……，成員的人數最終很可能會達到千人之眾。

對英閣制的研究顯示，內閣人數超過二十或二十一名時，就會失去效率。皇室理事會、國王理事會和樞密院在開始走下坡時，其人數都超過二十名，至於那些有更多人數的委員會則早已大權旁落了。

現在大家都知道人數超過二十名時，一個會議就會變質。坐在會議桌旁的委員們，開始交頭接耳的談起話來。

為了使對方聽到自己的聲音，發言者不得不站起來。一旦站起來，他就情不自禁的長篇大論：「主席先生，我想我可以毫不猶疑的宣稱，根據我二十五年的經驗，我們應該以，……，主席先生，我們肩負重擔，而至少我……，」

就在這位仁兄喋喋不休的胡說時，其他人卻忙著在桌下交換字條——「明天跟我一起吃午餐，好嗎？」，「到時再決定吧！」——除此之外，他們又能做些什麼呢？

那個發言者極可能是在說夢話，只是他的聲音沒完沒了的嗡嗡作響。該委員會已經無關緊要，它早已完蛋，無藥可救了。

帕金森對於機構人員膨脹的原因及後果作了精彩的闡述，但機構膨脹的問題又該如何解決呢？

「植物學家的任務不是去除雜草，他只要能夠告訴我們，野草生長得有多麼快，就萬事大吉了。」這就是帕金森教授給我們的答案。

如果這是一個不治之症，社會豈不是將一天天衰敗下去，企業豈不是要一天天蕭條下去？

要尋找解決之道，首要的前提在於吃透這個定律。所謂定律，無非是對事物發展的客觀規律的闡釋，而規律總是在一定條件下起作用的。

那麼，「帕金森定律」發生作用的條件又有哪些呢？

首先，必須要有一個團隊，這個團隊必須有其內部運作的活動方式，其中管理占據一定的位置。這樣的團隊很多，大的來講，有各種行政部門；小的來講，只有一個老闆和一個員工的小公司。

其次，尋找助手的領導者本身不具有權力的壟斷性，對他而言，權力可能會因為做錯某件事情或者其他的原因而輕易喪失。

第三，這位「領導者」對他的工作來說這是不稱職的，如果稱職就不必尋找助手。

這三個條件缺一不可，缺少任何一項，就意味著「帕金森定律」會失靈。

可見，只有在一個權力非壟斷的二流領導管理的團隊中，「帕金森定律」才起作用。

那麼，在一個沒有管理職能的團隊——比如興趣小組之類，不存在「帕金森定律」描述的可怕頑症；一個擁有絕對權力的人，他不害怕別人攫取權力，也不會去找比他還平庸的人做助手；一個能夠承擔自己工作的人，也沒有必要找一個助手。

那麼「帕金森定律」的癥結究竟在什麼地方呢？

權力的危機感，正是這種危機感產生了可怕的機構人員膨脹的帕金森現象。

恩格斯曾經說：「自從階級社會產生以來，人的惡劣的情慾、貪慾和權慾就成為歷史發展的槓桿。」

人作為社會性和動物性的複合體，因利而為，是很正常的行為。假設他的既有利益受到威脅，那麼本能會告訴他，一定不能喪失這個既得利益。一個既得權力的擁有者，假如存在著權力危機，不會輕易讓出自己的權力，也不會輕易的給自己樹立一個對手。因此，他會選擇兩個不如自己的人作為助手，這種行為，無可譴責。

假設有一個私營企業主，公司的土地、產權全部屬於企業主所有。隨著企業規模的不斷擴大（這個公司已經有一些名氣了），他現在越來越感到在管理上力不從心了。顯然，此時需要有人來協助他，於是企業主向各種媒體發了招聘廣告。

應徵而來的人絡繹不絕，其中有位這樣的人才：在美國一所著名的大學讀完了 MBA 課程，而且有長達十年的管理經驗（姑且不論他為何來這樣企業的原因，假設就是自己願意來這裡效力），業績良好，顯然是十分理想的人選。

這個私營企業主會不會聘任他呢？

這個老闆可能會飛快的想：公司的土地是我的，所有的產權都是我的，這就意味著這個人來我這裡是「無產階級」，他純粹是為我打工，做得好我可以繼續留他，給他很高的待遇，做得不好我可以辭退他，無論他如何出色和賣力的工作，他都不能坐我的位置，老闆永遠是我。

一番盤算以後，這個高智商、高素養、高能力的人才留了下來。這位老闆可以說完全不受「帕金森定律」的影響。

接著，這個企業繼續發展，企業經營取得重大突破，業務範圍擴大了，新的問題層出不窮。這時，高材生由於所學已經過時，又沒有很好的「充電」，感到越來越力不從心了。於是，他向各種媒體發出招聘廣告，各種人才絡繹不絕湧來。

在這些應聘者中，老闆比較看重其中兩位：一個是某國立大學的公共管理專業剛剛畢業的研究生，寫了很多的文章，理論功底極為深厚，實踐經驗卻非常匱

乏；另一個頗有實業家的手腕和魄力，擁有先進的管理觀念和多年操作經驗。

老闆拿不定主意，叫他選擇，這時他盤算好了。最後，他選擇了那個剛走出校門的研究生。

可見，要想解決「帕金森定律」的癥結，就必須把用人權放在一個公正、公開、平等、科學、合理的用人制度上，不受人為因素的干擾。最需要注意的是，不要將用人權放在一個被招聘者的直屬上司手裡。

---

1. 不認真做事不一定顯得悠閒，無所事事也不一定能從懶散上看得出來。
2. 有兩個無須解釋就十分明白的事實：
   (1) 當官的人需要補充的是下屬而不是對手；
   (2) 當官的人彼此之間是會製造出工作來做的。
3. 大家都知道，一個會只要有二十個以上的人參加，會議的性質就發生了變化。
4. 座位的安排對會議也有重大影響。「方桌會議」一定跟「圓桌會議」大不相同，而「長方桌會議」更是兩碼事。這種差別，不光是影響討論的長短和辯論的激烈程度，而且關係到會議的決議。
5. 只有兩種人明白大筆開支是怎麼回事，一種是有錢人，另一種是窮光蛋。一百萬英鎊在真正的百萬富翁心目中是實實在在，能夠理解的東西。在數學老師和經濟學老師看來（假定他們都快餓死了），一百萬英鎊和一千英鎊至少是同等重要。他們自己既沒有過一千英鎊，也沒有過一百萬英鎊。
6. 病人絕對不能同時給自己當外科醫生。一個公司到了病入膏肓的時候，必須得請專家來幫忙。費用或許昂貴，可是得了關係生死存亡之病，花錢也就在所不惜了。

《人與績效》彼得·杜拉克

People and Performance *Peter Drucker*

彼得·杜拉克，現代管理大師，對世人有卓越貢獻並影響深遠，被尊為「大師中的大師」、「現代管理之父」。杜拉克於一九〇九年生於奧匈帝國的維也納，祖籍為荷蘭。其家族在十七世紀時從事書籍出版工作。杜拉克從小生長在富於文化的環境之中。其一九七九年所著作的自傳體小說《旁觀者》對其成長歷程作了詳細而生動的描述。

杜拉克曾先後在奧地利和德國受過教育，並於一九三一年獲法蘭克福大學法學博士。一九三七年移居美國，一九四二年受聘為當時全世界最大企業——通用汽車公司的顧問。他於一九四六年將心得成果編輯為《公司的概念》一書出版，對大企業的組織與結構有詳細而獨到的分析。一九五〇年起任紐約大學商業研究院管理學教授。

杜拉克於一九五四年出版《管理實踐》一書，從此將管理學開創成為一門學科，從而奠定了管理大師的地位。他於一九六六年出版的《卓有成效的管理者》一書成為高級管理者必讀的經典之作；一九七三年出版的巨著《管理：任務，責任，實踐》則是一本給企業經營者的系統化管理手冊，為學習管理學的學生提供了系統化教科書。

《人與績效》是杜拉克思想的精華集萃，該書收錄了杜拉克主要作品的主要思想核心，故有經典中的精華之稱。

《人與績效》全書共分三大部分，分別集中了杜拉克在三個不同的領域所作的有關研究成果。它們分別是管理、個人和社會。其中論管理的部分主要是管理和組織的管理活動的概念及其演化過程；個人的部分主要是個人的自我管理；社會部分則是作為一個被管理的組織的社會的管理。

杜拉克以管理方面的著作最為人所熟知。但是，其出版的三十多本書，有一半卻不是談論管理問題，而是研究社會和社區。本書編寫的每一章，都在預言和討論一九五〇年後社會根本的改變：現代商業企業的興起，並成為整合社會的新組織，知識工作者和知識社會的興起，新科技的興起，尤其是資訊技術以及隨之出現的知識社會、「大政府」的成敗、人口老齡化問題等。知識社會是一個與以前完全不同的社會，這個社會已初具模型。書中討論了它的歷史根源、現實與挑戰、趨勢與發展。本書著重討論的是我們正迅速發展新的知識社會，並為此提供了一些見識與遠景。

第一部分「論管理」可以說是杜拉克關於管理的思想的集萃。這其中的核心思想展現在「管理是應用知識於行動的過程」。杜拉克認為：「我們還不知道未來幾年內是否會出現新經濟，如果有，我們也不知道它將以何種面貌呈現。不過有一件事是確定的：此一經濟及其社會將以管理為中心。未來經濟的關鍵資源捨知識無它；事實上，知識已在目前的經濟中扮演這樣的關鍵角色了。經理人與管理的特定功能，就是將資訊轉換為知識，再將知識轉換為有效的行動。事實上，自從管理興起後，知識已取代經濟學家傳統的土地、勞動與資本，變成今日唯一的經濟資源了。」

他還認為，管理必須要求管理人從「上司」變為「領導者」。他寫道：「六十年前，也就是第二次世界大戰間，我開始對管理產生興趣，當時既無『管理』這門學科，亦無與『管理』有關的訓練。那個時候，人們對管理的印象，就是「在頂樓豪華辦公室上班的那群人。」那時當然也有「經理人」。事實上，自有歷史以來，人類社會中一直有經理人的存在，但是幾乎沒有任何一個時代，曾有人因為在管理領域出類拔萃或有非凡的成就，而被世人尊為大經理人。不過自第一次世界大戰結束以來，經理人日益增多，人們逐漸認為有必要界定此一（明顯的）新現象。人們下的最初定義 —— 且被十九世紀人們普遍接受的一個定義 ——

「經理人是具有較高階級與權力的人；經理人是有下屬的人。」

在他看來，《管理的實踐》一書，是視管理為一種訓練的第一本著作。該書灌輸給世人新的觀念：人們可以透過有系統的方法去研究、學習與傳授管理。世人給予該書的評價，多半為它創造了一種新的訓練。

六十年來，管理學教授不斷的在辯論一個話題，管理到底是一門「科學」還是一門「藝術」。學術界最喜歡搞這種無意義的事了。其實管理既非科學亦非藝術，又是科學又是藝術。和醫學、法律、工程等類似，管理是一門實務。實務要有理論作基礎，而理論必須是「科學的」產物，即它必須是嚴謹、可接受測試的。然而實務亦包含了應用，應用是很實際的，而應用的對象是一些特定、獨一無二的個案，有賴當事人運用其經驗與洞察力。我的家族學醫的人很多，小時候，那些當了醫學教授的叔叔伯伯們，即試著列出當一名好醫生應具備哪些資格。他們一致同意，沒有人比一名雖然有「敏銳判斷力」，卻欠缺科學理論知識的內科醫生更危險了。他們也都認同，醫術最差的，是那些雖具備理論知識，卻欠缺「判斷力」的內科醫生。當然，對於一名醫生應具備什麼樣的知識理論及多敏銳的判斷力，他們的看法各自不同。不過天職一向就是提出不同意見的大學教授，他們有這種反應也不足為奇。不過他們也一致同意，習得足夠的理論，任何人都可以成為一名勝任的醫生，經過正確的教導，任何人都可以變成一名具有「判斷力」的醫生。他們不同意任何人都有可能變成「名醫」，因為一位名醫必須同時具備一流的理論與判斷力這兩個要件。然而，所有人都可能變成一名勝任的醫生，順利完成診病工作，不對病人造成更大的傷害。

管理領域亦是如此。想要成為一名勝任的管理者，就必須習得一些基礎的理論、必須知道做某些事情的原因，也要知道該做哪些事情，以及如何做這些事情。後兩者指的就是經理人的判斷力。這一部分的每一個章節，都在探討「為何」、「何事」及「如何」管理這三大課題。

第二部分是關於個人的，該部分共分為十章。第一章為必須學習高效；第二章為關注貢獻；第三章為了解你的長處與價值；第四章為了解的時限；第五章為有效決策；第六章為有效能的交流；第七章為將領導作為一項工作；第八章為創新的法則；第九章為生活的另一半；第十章為受過教育的人。彼得・杜拉克是管理學界的大師，一生為宣揚管理的理念與價值而奉獻心力。本部分從知識的觀點闡述專業管理者的角色，深刻而有見解。在這一部分中杜拉克著重討論的就是他的所謂的「知識工作者」的社會角色。

在他看來，知識經濟化是一個漫長而全面的過程，各個領域、各種知識都可能創造出明顯的經濟價值。以現代經濟來觀察，新興科技產業、傳統產業、專業服務業甚至教育文化產業，都能因知識有效運用而帶來很高的經濟價值，這些產業的從業人員都是知識工作者。

在杜拉克的眼中，管理階層是最早有效運用知識創造企業價值的一群人。

從泰勒開始，他所宣揚的科學管理學說，讓美國人能用系統分析工作的方式，在短短幾個月時間就訓練出一流工作者，滿足戰爭動員的需要，直接展示了知識的經濟價值。稍後其他學者發展出來的管理理論亦對管理實務產生直接而重大的助益。現在，企業已經知道如何運用既有的知識找出有用的知識，也能夠系統化、有計畫的以知識來界定所需的新知、界定該做哪些事讓知識奏效。這個轉變引發的管理革命，和工業革命相比，對人類社會的影響有過之而無不及，更是知識展現經濟價值的具體實證。因此，稱經營管理人才是非常有價值的專業人才，自是當之無愧。

杜拉克認為建構一個有效的知識創新系統成了管理者重要的新興任務，這個系統至少包括以下幾項機能：

1. 組成團隊，適當分工，並設計良好的誘因機制，讓成員們共同進行創新研發的工作，有時為了掌握時效，還必須採用同步工程或雙團隊平行作業的方式；2. 在組織內部設計有效的知識流通機制，讓每一位成員都能適宜的分享其他成員的知識；3. 建立知識蓄積機能，讓成員的經驗與知識均能有效的保存並加以模組化與建檔化，以利未來再加以利用；4. 將創造出來的知識或研發成功的技術申請智慧財產權，讓組織的智財權可以得到必要的保護；5. 提供必要的互補性資產與互補性機能，加速技術商品化的過程。

在知識經濟社會中，建構以智慧財產私有化為核心的後資本主義，以及知識創造（主要是教育系統）和知識加值（主要是企業）之間的有效聯結介面，是先進國家在知識時代獲得顯著利益的關鍵。許多發展中國家對這樣的體制存有疑慮，嘗試建構不同的社會體制，但還未見到不同的成功典範。在華人社會，知識分子擁有相當尊崇而清高的社會地位，應該用什麼途徑將知識分子納入經濟體系，需有智慧。無論如何，制度改造才是推動知識經濟的關鍵。

第三部分是關於社會即知識社會的討論。該部分共分為四章，第一章為社會轉型的一個世紀：知識社會的出現；第二章為企業社會的到來；第三章為社會各階段的公民；第四章為從分析到預言：新的世界景觀。

被稱為世界級的管理學大師杜拉克先生很坦白的表示，在他出版的三十多本書中，有一半並不談「管理」問題，而是關懷、分析「社會」問題，亦是大社會的轉型、解構和整合。所以稱杜拉克為社會學家並不為過。

杜拉克以他的學養，企圖掌握、剖析和體察過去這六十年來，在西方社會所呈現的總體變化軌跡。一九六〇年代，的確是西方社會的興衰左右了世界浮沉的六十年，也就是從西方引爆的二次世界大戰開始，到所謂可能帶動牽引另一個世界性革命的知識經濟社會的來臨為止，莫不一再觸動西方和非西方這兩個世界的交會和它所帶來的種種衝擊。

最後，這本書反而只有很少部分會涉及經濟，而且是以西方這些年的政經發展經驗作為先進的範本，而且對過去短短十年內的資本主義三大轉化趨勢，也提出剖析。他對這些事實的解釋，有相當總體的視野。

杜拉克率先提出認為在當前這個社會中，個人和整體經濟的唯一重要資源就是知識。以往經濟學者所認定的生產要素 —— 土地、勞力和資本 —— 並未消失，只是變成附屬資源。這也就是我們通常所謂的「知本論」的最初來源。

他認為一旦具備專業知識，就可輕易取得這些附屬資源。當然，單靠純粹的專業知識本身也無法產生成效，唯有把專業知識整合到任務之中，才能發揮生產力。這就是為什麼知識社會也是組織社會的原因所在。

杜拉克認為：社會人群需要穩定，但組織卻必須變動；個人和組織間責任劃分：組織需要自主性，但社會卻要顧及大眾利益；組織應負的社會責任日增；

專家擁有專業知識，組織卻要求他們進行團隊合作。凡此種種，都將是未來好幾年內必須關切的課題，已開發國家更是如此。光是靠聲明、理念或立法於事無補，解決之道必須回歸到問題的源頭 —— 也就是個別組織之中以及經理人辦公室之內。

組織是不穩定的因數，而社會、社群和家庭都希望能維持穩定，創新乃是「創造性的破壞」，這就形成了發展的張力。組織的功能就是把知識應用到工作上，也就是說，把知識應用到工具、產品、流程、工作設計以及知識本身上。知識本身就具有變動迅速的特質，目前認為理所當然的事，明天卻往往顯得荒謬。

他認為，對經理人來說，知識變遷讓他們必須負起一項要務：在組織結構中建立變革管理。從一方面來看，這也意味著各組織必須準備好放棄既有的一切。經理人必須學會每隔幾年就針對各項流程、產品、程序和政策加以完善。

另一方面，組織也必須致力於創造新事物。各組織必須設法充分運用本身的知識，也就是說，要從過去的成功中開發新一代的應用。

最後，每一個組織都必須學會創新，而且必須有計畫的以系統化的過程進行。當然，之後還要準備好逐步放棄，然後讓整個創新流程再度啟動。除非真能做到這些，否則知識組織很快就會發現本身已經落伍，無法吸引並留住技術與知識專才，喪失企業績效來源之所繫。

組織要能因應改變，就必須高度分權。因為在這種結構下，組織才能迅速做出各項決策，就近掌握績效、市場、技術以及社會、環境、人口特性、知識等方面的動態，充分利用其中提供的創新機會。

但是，組成組織的是現代的專業人士，各有自己的專業知識，所以組織的使命必須清楚透明。組織越邁向知識工作者的組織，成員的流動性就越高。因此，組織總是在爭取一項最重要的資源：有知識的合格人才。

因此，這就提出了一個重要的論斷，那就是知識工作者是組織的最大資產。組織必須吸引人才，留住員工，給予他們表揚、獎賞與激勵，同時也要提供服務，讓員工感到滿意。知識工作者和所屬組織之間的關係的確是種新現象，目前還沒有什麼適當字眼來描述。

但是，組織和知識工作者之間的關係，一如組織和義工之間的關係，卻相當不同。知識工作者仍必須依賴組織才能工作，因為他們的工作取決於組織。但同時，知識工作者擁有知識，也就等於擁有自己的生產工具。從這方面來看，他們不但獨立，流動性也很高。

知識工作者仍舊需要其他生產工具。事實上，企業對知識員工所使用工具的資本投資，可能遠超過對製造員工使用工具的資本投資。不過，除非知識工作者能把自身擁有的知識應用到工具上，否則這些資本投資就毫無生產力可言。

再者，機器操作員就像歷史上所有勞動者一樣，由別人指示該如何工作。

但組織卻無法有效的監督知識工作者，因為他們比組織內任何人更清楚自己的專業。

這項新關係衍生的一項後果就是，組織無法以薪資贏得員工的忠誠，這也是現代社會新浮現的緊張關係。組織必須證明自己能讓員工有絕佳機會把知識應用到工作上，才能贏得員工的忠誠。不久前我們用的名詞還是「勞工」，現在，我們開始談「人力資源」。這種轉變提醒我們，具備技能和知識的員工對組織有什麼貢獻，他們的知識又能為組織帶來多大效益，其實大都取決於這些員工本身。

由於現代組織是由知識專業才能所組成，因此組織成員之間是同事與夥伴的平等關係。知識的地位沒有高低之分，性質也無優劣之別，單單視對工作的貢獻來評斷。因此，現代組織不能是老闆和部屬的組織，必須是一個團隊合作的組織。

而現代社會也將是一個前所未有的組織社會。

杜拉克在其關於管理的討論中提出了用人的一些基本原則，那就是：

1. 勇於承擔用人風險。也就是說，「如果我選派某人擔任某項工作，此人卻不能勝任這項工作，這就是我的過錯。我既不能遷怒於他，也不能歸咎於所謂的『彼得原理』，更不能抱怨」。
2. 用人唯賢。杜拉克寫道：「早在凱撒時代，人類就認同這句至理名言：『指揮官應該派有才幹的人去帶兵。』的確，在組織中，經理人的職責就是要分派每一位能負責的人，到適當的工作職位上發揮所長。」

3. 用人唯慎。高級主管每天所作的決策中，再沒有比用人決策更重要的決策。因為用人決策將左右組織整體的績效。因此，我們最好審慎處理這類決策。
4. 慎用新人。他認為在用人方面唯一的禁忌就是，切勿指派新人負責重大的專案。因為這樣將擔失敗的風險。這類任務應交給你熟知其行為和習慣，而且已經用實際工作表現贏得你信任的人。至於用高薪挖來的主管級新人，適宜安排在原來就有的位子。在這裡，我們知道他應該有什麼樣的表現，且能提供他必要的協助。

創新是企業不斷發展的力量之源。關於創新，杜拉克有許多值得商業人士思考的真知灼見。他認為，創新是一種有目的、有計畫的系統的分析與試驗得出的東西。他認為，雖然「只有頑固的人才會否認這類奇蹟式痊癒的發生，還因為這些事情『不符合邏輯』而予以摒棄。但是，正如沒有哪位醫生會把奇蹟式痊癒擺到教科書中，或變成一門課程教授給醫學院學生一樣」，「靈機一動」式創新「因為無法複製、無法教授、無法學習」而不可作為一種方向。

杜拉克首先把創新當成一種慣性結果。他認為：有些創新者天生就有靈感：他們的創新發明是「靈機一動」的結果，而不是努力、有計畫、有目的的工作下的產物。不過，這種創新無法複製，無法教授，也無法學習。沒有人知道該怎樣教人成為天才。

而在他看來，從分析、系統及辛勤工作中所產生的有目的的創新，才是可供討論和呈現創新的慣性作法，所有有效創新中九成以上屬於這一類型，我們也只需討論這種創新就可以了。而且就像其他領域一樣，傑出的創新者唯有立基於創新應有的紀律並嫻熟精通，才能發揮效力。

那麼，創新的法則，也就是創新紀律的核心是什麼？在杜拉克看來，這其實就是對於創新我們應該做什麼而不應該做什麼的問題。他認為：

1. **創新是有目的、系統化的行動**。它以機會分析為起點，並在此時先透澈思考「創新機會的七大來源」。他認為，在不同領域中，不同的來源在不同時期的重要性也不同。

2. **創新的具體行為**。也就是他所謂的既是概念性也是感受性。創新的要務就是向外界學習，去看、去問、去聽。成功的創新者在於利用左腦和右腦，注意數字，也觀察人。他們以分析方法找出該種創新來充分利用機會，而且隨後會留意顧客、使用者，去了解他們的期望、價值觀和需求。

他認為，接受度是能被感受到的，就如同我們可以感受到價值觀一樣。我們可以感受哪項方法不符合潛在使用者的期望或習慣。隨後，我們就能問：「要讓潛在使用者希望利用此項創新，而且把它當成他們的機會，那麼這項創新需要反映出什麼？」如果不這麼做，我們就可能會把正確的創新以錯誤形式呈現。

3. **創新要有明確而清晰的目標，不能太求全**。最好每次創新都只要謹慎的從一件事做起。他認為創新要有效能，必須簡單而焦點集中。一次應該只做一件事，否則就會弄得混亂。如果創新不具簡單性，就不會奏效。每樣新事物都難免會碰到麻煩，如果過於複雜，就無法修正或補救。所有有效的創新都相當簡單。其實，創新獲得的最高評價就是能讓人說：「這實在很顯而易見。為什麼我沒想到呢？」

他還指出，就算是創造新用途和新市場的創新，也應該是以特定、清楚、有計畫的應用為方向。創新應該以滿足特定需求為焦點，以產生特定最終成效為主。

4. **創新不能貪大**。有效的創新一定是從小處開始，只是設法做好某件特定事項，而不是有什麼宏圖大業。

他還舉例說：這類創新可能是讓交通工具往鐵軌上移動時，同時還可以一邊產生電力，結果發明了輕軌電車；或者是像把相同數目的火柴放到火柴盒這麼簡單的創新，結果產生火柴盒自動裝填設備，也讓提出這一構想的瑞典人，幾乎獨占全球火柴市場達半世紀之久。以一產業改革為目標的這類宏偉構想，不太可能行得通。

因此，創新最好能由小處開始，最先只需少量的資金、人力，以及一小塊有限的市場。否則，根本不會有足夠的時間來做調整和改變。而要讓創新獲致成功卻常需要這樣做，因為創新初期通常無法達到百分之百正確。唯有在規模還小、所需人力和資金不多的情況下，才能做出必要的改變。

5. **創新要志在「領導潮流」**。他認為：成功的創新志在領導，這也是創新該做的最後一件事。創新到最後未必會成為「大事業」。事實上，沒有人可以預言，某項特定的創新事物，日後是否會成為大事業或只有普通成就。但是，如果創新打從一開始就沒有志在領導的趨勢，自然目標不同，採用的策略也就截然不同，不過，所有志在將創新發揮得淋漓盡致的策略，都必須在特定環境中取得領導地位。否則，創新只是替競爭對手創造機會。

杜拉克認為，創新首先就是別賣弄聰明，創新必須交到普通人手中執行，而創新如果要達到相當程度的普及性與重要性，那麼連傻瓜笨蛋者之流也要懂得如何處理。畢竟，無能者處處都是，從來不虞匱乏。在設計或執行上太過賣弄聰明，幾乎注定會失敗。

創新宜大處進行著手，小處著眼。別多樣化、分別化，別想一次做許多事。當然，從這一點就可推論出創新該做的是「專注」！偏離重點的創新可能會變得過度擴散。所以構想還是構想，無法變成創新。創新的重點不必是技術或知識。事實上，不管在企業或公用事業中，市場知識就比知識或技術，所以更能集結創新的努力。創新必須有一個凝聚的核心，否則付出的努力就無法集中。創新需要團結集中的精力做後盾。創新也需要參與者彼此了解，而這也有賴於一個共同一致的核心，而多樣化和分別化只會危及到核心。

杜拉克指出：別試圖為未來創新。要為現在創新。創新可能有長遠的影響，可能到二十年後才能完成。領先一步是優勢，領先五步是創新，領先十步就是超前了。

杜拉克在論管理中對什麼是企業這個問題作出了非常有創見性的回答，而這些回答為他以其獨特的視角觀察企業與管理奠定了基礎。因此，我們在深入研究其管理思想前，必須對這一個關鍵性問題有所把握。

他認為，一般商人在被問到企業是什麼時，很可能回答說企業是一個製造利潤的組織。而這也是傳統經濟學家可能告訴我們的相同答案。他認為，這個答案不僅錯誤，而且與問題毫不相關。

他認為，通常的解釋工商企業與行為的經濟理論所提出的利潤最大化，其實就是那句老話「賤買貴賣」的複雜說法，利潤最大化也許足以解釋傳統商業的經營方法，卻不足以說明現代商業公司的經營方式，也不能解釋它們應當如何經營。事實上，求取利潤最大化的觀念是無意義的。而追求最大利潤概念的危險，在於它使獲利率變成一種迷思。

杜拉克解釋指出，利潤與獲利率對社會的重要性，甚至超過對個別企業的重要性，而獲利率並非工商企業和生意活動的目的。而是一個限制因素，利潤不能解釋商業行為和事業決策，也非其原因。更非它們取得合理化的基礎。利潤是對這些行為與決策的檢驗。

人們最感困惑的一點是，他們誤以為，一個人的動機（即所謂商人的獲利動機）將決定其行為，或導引他們採取正確的行動。其實人們是否真有獲利動機，還大有疑問，這是由古典經濟學家們發明，用來解釋靜態均衡理論所不能解釋的經濟現象。從來沒有人提出證據，證明人類有獲利動機。早在人們試圖解釋人類的獲利動機之前，就有人以堅實的理論解釋經濟改革和經濟成長的現象。

因此，他認為不論是否有獲利動機，試圖從獲取利潤的角度去了解企業行為、利潤和獲利率是完全不正確的。

而且，他還認為：事實上，這個觀念不僅與事實不相干，而且有害，我們對社會如此誤解利潤的本質，對利潤如此根深蒂固的敵視的態度已成為工業社會最危險的疾病之一，正是上述觀念造成的。

在美國及西歐，許多造成社會極大傷害的錯誤公共政策，大多由於主政者誤解工商企業的本質、功能與目的。一般人總認為，一家公司的利潤，與該公司貢獻社會的能力是天生的冤家。人們有這種想法，也是因為有上述錯誤的觀念，事實上，唯有那些很賺錢的企業，才可能行有餘力對社會作出貢獻。

因此，杜拉克轉而指出，我們如果想要知道企業是什麼，就必須先了解其「目的」。而一個企業欲達成的目的，一定落在企業之外。的確，因為工商企業是社會的一個器官，因此它們必須在社會中追求其目的。僅有一個有效的定義詮釋企業的目的 —— 「創造顧客」。

《人與績效》彼得・杜拉克

市場不是由上帝、大自然或經濟力量所創造，而是借商人的手創造出來的。也許在商人提供滿足的手段之前，顧客早已覺得有特定需要，發生飢饉時的糧食即為一例。特定需要可能一直主宰著顧客的生活，在清醒時刻一直滿足他們。然而它始終是一種潛在需要，一直到商人採取行動，使潛在需要轉變成有效需求時，才有所謂的顧客與市場。其次，潛在顧客也許並不覺得缺乏什麼。影印機或電腦上市之前，沒有人知道自己需要這些機器，最後，在商人借由商業行為——透過創新、信用、廣告或推銷術——創造出特定需要之前，人們可能完全不需要它們。商業行為創造顧客，沒有任何例外。

顧客決定一家企業是什麼。唯有願意出錢支付貨物或服務的顧客，才會將經濟資源化為財富，將東西化為貨物。顧客購買的與視為有價值的，不是產品或服務，而是它們的效用。亦即，這些產品或服務帶給顧客的好處。

---

1. 利潤最大化其實是「賤買貴賣」的複雜說法。此概念的危險，在於它使獲利率成了一種迷思。
2. 一般人對發明及創新常抱浪漫想法。其實恰好相反，「靈機一動」相當罕見。更嚴重的是，我沒聽過有人把任何「靈機一動」變成創新的事物。它們永遠都只是絕妙的點子罷了。
3. 成功的創新者是謹慎的。他們一定得專注於機會，而不是風險。
4. 最具生產性的創新，是推出一種能夠創造出潛在新滿足的「不同」產品或服務，而非只是改良。
5. 我們面對前所未有的形勢，必須對追求新知識制訂優先次序。我們必須對知識的發展方向和後果做決定。
6. 最重要的是，知識成為工作和表現的基礎，使知識人必須負起責任。他如何接受這種責任，將決定知識的未來，最後甚至可能決定知識是否有未來。

《讓工作適合管理者》弗雷德・菲德勒

Engineer the job to fit the manager　　　　*Fred Fiedler*

菲德勒出生於一九一二年，早年就讀於芝加哥大學，獲博士學位，一九五一年移居伊利諾州，擔任伊利諾伊大學心理學教授和群體效能研究實驗室主任，一九六九年前往華盛頓。

菲德勒，美國當代著名心理學家和管理專家，美國華盛頓大學心理學與管理學教授，兼任荷蘭阿姆斯特丹大學和比利時盧萬大學客座教授。

菲德勒從一九五一年起由管理心理學和實證環境分析兩方面研究領導學，提出了「權變領導理論」，開創了西方領導學理論的一個新階段，使以往盛行的領導形態學理論研究轉向了領導動態學研究的新方向。菲德勒的理論對後來領導學和管理學的發展產生了重要影響。

《讓工作適合管理者》是菲德勒第一篇系統闡述權變領導理論的論文，一九六五年發表於《哈佛商務評論》雜誌上。文中提出了領導方式取決於環境條件的著名論斷。菲德勒爾後發表的著述中又對自己的理論作了許多修改和補充，他的思想框架在這篇論文中已經得到了比較完全的展現。

一九五〇年至一九六〇年代是管理學理論發展的一個重要時期，在這一時期，出現了許多引人注目的新學說。美國著名管理學家菲德勒從一九五一年起由管理心理學和實證環境分析兩方面研究領導學，並率先提出了「權變領導理論」，開創了西方領導學理論的一個新階段，使以往盛行的領導形態學理論研究轉向了領導動態學研究的新方向。一九六五年，菲德勒在《哈佛商務評論》雜誌

上發表了這篇具有劃時代意義的論文，引起了世人的矚目。

菲德勒的權變領導理論遠遠超越了傳統的選拔和培訓領導人的觀念。它所強調的是，組織變革可能成為一種非常有用的工具，使得管理階層的領導潛能得以更充分的利用和發揮。

當別人的注意力還集中在企業領導採取哪種領導風格更為有效時，菲德勒已經把自己的研究方向轉移到更重要的問題上：民主和專制這兩種領導風格分別適用於什麼樣的環境？菲德勒認為，一個組織的成功與失敗在基本上取決於它的管理人員的素養，即取決於領導的素養。如何尋求最佳的管理人員即領導者是一個十分重要的問題，但更現實、更重要的是如何更好的發揮現有管理人員的才能。

為了得到好的經理人員，傳統辦法是依靠招聘、選拔和培訓。菲德勒指出，依靠培訓使領導者的個性適合管理工作的需求，這種做法從來沒有取得過真正的成功。相比之下，改變組織環境即領導者所處的工作環境中的各種因素，要比改變人的性格特徵和作風容易得多。我們應當嘗試著變換工作環境使之適合人的風格，而不是硬讓人的個性去適合工作的要求。

菲德勒指出，企業中的領導職務要求人們具有極強的適應性，而合格的、勝任的企業領導人員變得越來越難找了。過去有一個時期，到處似乎都能發現所謂「天生的領導者」，他們素養極佳，前程遠大，而且人數眾多，可以信手拈來，可惜這種愜意的事情已經一去不復返了。企業界必須抓住現有的領導人才，像使用廠房、設備那樣盡可能有效的發揮他們的作用。比如說，企業界的財務專家，高級科技研發人員，管理生產的天才，這些人很可能是不可或缺而又不可替代的。他們承擔著領導責任，不可能一夜之間找到或訓練出代替他們的人選，而且他們也不甘願充當二把手的角色。如果這些人的領導風格與工作環境的要求不相符，恐怕只能改變工作環境適合他們的領導方式。

在本文中菲德勒試圖闡明的就是如何去修改和變化工作環境以使其具有適用性。事實證明，在某些環境條件下專制式領導者工作起來效率高，而在另一些環境中民主型的領導者工作起來得心應手。在任何一種環境中我們都有可能改變那些與領導者固有風格相抵觸的客觀因素條件。如果一個組織的最高層級的領導者明白這種可能性，他便可以為他們的中層經理設計出適合他們各自風格的工作環境，從而提高領導效率。

一、領導風格

菲德勒首先從領導風格入手進行研究。他定義的領導是指一種人際關係，是指某一個人指揮、協調和監督其他人完成一項共同的任務。特別是在所謂「交互影響的工作群體」中這一點尤其重要，因為在這種組織裡大家必須相互合作共事才能達到組織的目標。領導者管理下屬的方式可以簡單的分為兩種：

1. 明確指令下屬做什麼和怎樣去做。
2. 與組織的成員共同分擔領導工作和責任，吸收他們一起規劃並實現組織目標。

儘管這兩種極端的典型領導風格都存在缺點，但是他們都達到了激勵組織成員並使之配合協調行動的目的，只是使用的手段不一樣。一個揮舞起權力的大棒驅使人們去工作，另一個是以友善的態度用胡蘿蔔誘使人們與之合作。前者是傳統的以工作任務為中心的專制獨裁的領導風格，而後者是人情味十足的以群體為中心的領導風格。

研究結果表明，上面兩種領導風格分別適用於不同的環境條件。為了使領導者的風格與工作環境的需要吻合，管理人員有兩種辦法可循：

1. 先確定某具體工作環境中哪種風格的領導者工作起來更有效，然後選擇具有這種風格的管理者擔任領導工作，或是透過培訓使其具備工作環境要求的風格。
2. 先確定某管理人員採用什麼樣的領導風格最為自然，然後改變他的工作環境，使新環境適合領導者自己的風格。

第一種辦法就是傳統的人員招聘和培訓方式，人們對這種方式已經進行過大量的研究。但是以往我們從未認真考慮過第二種方式是否比第一種方式更容易實現。

第二種，具體環境下需要什麼樣的領導風格一九五一年，菲德勒曾在海軍研究部的資助下主持領導效率的問題的研究。為了弄清楚領導效率和群體的關係，他們調查分析了一千兩百多個群體，研究對象當中包括大學的籃球隊、平爐煉鋼生產線、勘探隊、軍事小分隊以及公司董事會等等。

在分析領導者的領導風格時，菲德勒首創了 LPC 問卷方法，讓每個群體的領導者對他「最不能合作共事」的同事按照一系列「正反兩極」式專案進行評分。這些同事不一定是當時在一起工作的，也可以是以前的同事。根據評分可以測定這個領導者對同事的態度。假若一個領導人對自己所最不喜歡的同事仍能給予較高的評價，那就說明他關心人，是寬容型的領導，有民主式的領導風格，他的 LPC 分數值較高；那些對自己最不喜歡的同事給分較低的領導者，則是以工作任務為中心的領導者，領導風格是專制型的，其 LPC 分值較低。

菲德勒研究結果表明，專制型的領導在籃球隊、勘探隊、平爐生產線以及企業管理人員的群體中工作得很出色；在各種創造性的工作群體中，要求領導者能和下屬維持好關係，則民主型的領導更容易做出成績。

（一）關鍵因素

適用於任何環境的「獨一無二」的最佳領導風格是不存在的，某種領導風格只是在一定的環境中才可能獲得最好的效果。一位在某種環境中能取得成效的領導者（或一種領導風格），在另一種環境中就不那麼有效。因此，必須研究各種環境的特點，而組織環境分類又取決於多種環境因素，長期研究的結果說明，三類主要的環境因素條件決定了幾乎所有特定環境所適用的領導風格。

1. **領導者與下屬的關係**。領導者與員工的關係是最重要的環境因素。它直接影響領導者對下屬的影響力和吸引力，反映下屬對領導者的信任、喜愛、忠誠和願意追隨的程度。受歡迎的領導在指揮過程中並不需要炫耀身居高位和大權在握，下屬都自願追隨他並執行他的命令。
2. **任務結構**。工作任務的結構是第二個重要的環境因素。它是指下屬工作程序化、明確化的程度。如果工作的目標、方法、步驟都很清楚，那麼領導者就可以下達具體的指令，下屬的任務只是執行。相反，則無論領導還是下屬都不清楚應該做什麼和怎樣做。結構清楚明確的工作任務對於專制的領導者是有利的，因為他可以很容易的下達程序化的工作指令，並可以按步驟分別檢查各階段工作的成績。工作任務含混，領導者的控制力就很弱。而這恰好為群體提供了輕鬆氣氛，有利於創造力的發揮。在一般情況下，領導層完成一個結構化的任務比完成一個非結構化的任務要容易些。

3. **職位權力**。領導者所處地位（職位）的固有權力是最後一個環境因素。它是指與領導職位相關的正式權力，即領導人從上級和整個組織各方面取得支援的程度，例如他是否有雇用和解員工的權力以及提升下屬的權力。

領導者職位權力不是來自他個人的權力。職位權力較強的領導者指揮起來更得心應手。

(二) 環境分析模型

依據各環境因素的好壞、高低、強弱，領導環境可以分成八種，擁有強大權力、受員工愛戴的領導者，帶領下屬完成結構性很高的工作任務時處於最有利的環境，完成任務很容易。相反，另一種環境就對領導和工作十分不利，因為在那裡工作任務模糊不清，領導者沒有權力，下屬又不喜歡他。一個受人尊敬的建築工地工頭，帶領工人按藍圖施工，就比一個由志願人員組成的委員會，在不討人喜歡的主席主持下計畫一個新政策要容易得多。

菲德勒認為，三個環境因素中最重要的是領導者與員工的關係，最不重要的是職位權力。比如在一個結構化的工作群體中，一個低職位的人可以順利的領導那些比他職位高的人，就像一個低級軍官可以指揮剛入伍的高級軍醫接受一些基本軍事訓練一樣。相反一個資深而不受歡迎的經理主持政策討論會卻往往很吃力。

(三) 不同環境條件要求不同的領導風格

以上是根據三類環境因素所處的條件進行排列組合歸納出八種不同的領導環境，第一種是最有利於領導者的，第八種是最不利的。菲德勒經過大量調查研究後指出，在不同的環境條件下應當採取不同的領導方式，如方法得當便可取得很好效果。採取以人際關係為中心的民主型領導方式效果較好。不同的領導風格在一定的環境條件下表現出各自較好的適用性。

環境不是一成不變的，當環境因素發生變化時，與之相適應的領導風格也會發生變化。因此即使一個管理者的領導方式與環境的要求一致，即使現在工作順利，也不意味著他就永遠適合於做這個工作，除非他的風格也隨環境的要求而變化。

比如在一個工作程度很清楚明確的企業，領導者受員工信賴並精明強幹，以往工作成績顯著，突然企業面臨危機，於是經理便會把顧問們請來商量對策。過去在順利時經理只需要下達命令就行了，是專制型的領導。而他和顧問們一起開會時便需要和諧氣氛，必須當民主型的領導。

這一過程實際上就是領導風格隨環境變化而變化的例子。

(四) 實際驗證

菲德勒的理論得到了大量實際經驗和實驗結果的驗證。以領導者與下屬的關係為例，他分析了若干 B-29 轟炸機組，三十個防空分隊以及三十二個小型農場用品供應公司的情況。顯然，這三項研究所得的結論很相似：當領導者受下屬信賴或下屬與領導者關係惡劣時，領導者應當採用專制型的工作方式；而在不那麼極端的中間情況下，一般來說民主型的領導更容易做出成績。

不僅在美國進行的研究是這樣的，菲德勒在比利時海軍訓練中心又測驗了一九九六年三人小組的情況，結果也是這樣。其中一半由母語屬於相同語系的人員組成，彼此沒有嚴重的語言障礙。另一半由那些不同語系的人組成，彼此語言不通。前一半小組由資深專業人員領導，而另一半由新手領導。每個小組完成三件工作，其中一件是非結構化的，兩件是結構化的工作。工作完成以後，所有成員和領導者都要描述他們的群體氣氛和領導者與下屬關係的情形。

按照環境對領導者的有利程度將工作環境分類，最有利的工作環境是：成員間沒有語言障礙，由受下屬尊重的專業人員領導，任務則為尋求最短路徑；最不利的環境是：由新手領導的語言不通的小組，工作任務又是擬徵兵信函。

有意思的是那些由不同語系的人員組成的小組，通常只有在專制型的領導者控制下才能有效的進行工作。這恰好和那些跨國公司的經理們反映的情況一樣。

菲德勒在本文的最後做出了簡短的結論。他認為依靠招聘和培訓管理人員來適合工作環境要求不是好辦法。現在各企業都在設法吸引那些經過良好培訓而且有豐富經驗的人充當領導，這些人絕大多數都是一些專家而且年事已高，他們的才智已經很難與日俱增有所發展，企業今後是不能依靠這些技術專家的。

企業可以把人員培訓成具備一定風格的經理，但是這種培訓很困難，而且成本高、時間長。與之相比，按照經理人員自己固有的領導風格，分配他們擔任適當的工作，要比讓他們改變自己的作風以適應工作容易得多。

菲德勒認為，最高領導人應當學會分析和識別工作環境，然後便可以將部門經理和下層經理分配到適合他的風格的環境裡去工作。每種具體環境需要什麼樣的領導風格，取決於環境對領導者的有利程度，而這種有利程度又由若干環境因素決定。如領導者與員工的關係，群體成員的經歷是否類似，工作任務是否明確，領導對下屬是否了解等等。顯然，改變這些環境因素要比調換下級經理和改變他們的作風容易得多。

除此之外，菲德勒還列舉出了一些可能改變環境因素的例子，對他的權變領導理論進行了更充分的論證，這裡就不逐一枚舉了。

---

1. 一個組織的成功與失敗在基本上取決於它的管理人員的素養，即取決於領導的素養。
2. 事實證明，在某些環境條件下專制式領導者工作起來效率高，而在另一些環境中民主型的領導者工作起來得心應手。
3. 適用於任何環境的「獨一無二」的最佳領導風格是不存在的，某種領導風格只是在一定的環境中才可能獲得最好的效果。
4. 當領導者受下屬信賴或下屬與領導者關係惡劣時，領導者應當採用專制型的工作方式；而在不那麼極端的中間情況下，一般來說民主型的領導更容易做出成績。

5. 在任何一種環境中我們都有可能改變那些與領導者固有風格相抵觸的客觀因素條件。如果一個組織的最高層級的領導者明白這種可能性，他便可以為他們的中層經理設計出適合他們各自風格的工作環境，從而提高領導效率。
6. 領導者與員工的關係是最重要的環境因素。它直接影響領導者對下屬的影響力和吸引力，反映下屬對領導者的信任、喜愛、忠誠和願意追隨的程度。
7. 組織變革（即改變組織環境）可能成為一種非常有用的工具，使得管理階層的領導潛能得以充分的利用和發揮。
8. 受歡迎的領導在指揮過程中並不需要炫耀身居高位和大權在握，下屬都自願追隨他並執行他的命令。
9. 最高領導人應當學會分析和識別工作環境，然後便可以將部門經理和下層經理分配到適合他的風格的環境裡去工作。每種具體環境需要什麼樣的領導風格，取決於環境對領導者的有利程度，而這種有利程度又由若干環境因素決定。如領導者與員工的關係，群體成員的經歷是否類似，工作任務是否明確，領導對下屬是否了解等等。

顯然，改變這些環境因素要比調換下級經理和改變他們的作風容易得多。

《誰搬走了我的乳酪？》史賓賽・強森

Who Moved My Cheese? *Spencer Johnson*

史賓賽・強森，出生於美國，他是享譽全球的思想先鋒、演說家和作家。能面對複雜的問題提出簡單有效的解決辦法，在這方面，他被認為是最好的專家。

強森的許多觀點，使成千上萬的人發現了許多生活中的簡單真理，使他們的生活更健康、更成功、更輕鬆。

強森是許多最暢銷書的著作者或合著作者。他與傳奇式的管理諮詢專家肯尼斯・布蘭查德博士合著的《一分鐘經理人》一書，持續出現在暢銷書排行榜上，並且其中的管理方法成為世界上最受歡迎的管理方法之一，除了本書，他還寫了許多其他的暢銷書，包括《珍貴的禮物》成了備受鍾愛的禮物；《是或不》成了人們的決策指南；《道德故事》成了最受歡迎的兒童德育讀物；還有「一分鐘系列」裡的其他五本書：《一分鐘銷售》、《一分鐘母親》、《一分鐘父親》、《一分鐘老師》和《一分鐘的你自己》。

《誰搬走了我的乳酪？》是當前最流行的管理學著作，是用以應對變化的極好方法。

寓言中共出現了四個主角 —— 小老鼠嗅嗅和小老鼠匆匆，小矮人哼哼和小矮人唧唧。這四者基本上代表了我們性格的四個方面。為了維持溫飽問題，追求美好的生活，他們整天都忙著尋找乳酪，而故事情節又把他們的活動場所限制在一個奇妙的迷宮裡。這個迷宮又猶如我們的現實生活，在裡面有太多的未知空間，有太多的風險，當然，也存在著很多的乳酪，只是得到這些乳酪是要付出很

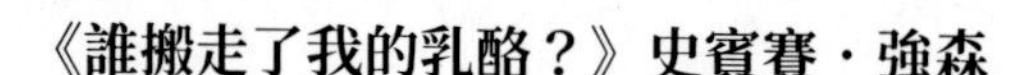

多代價的。

嗅嗅和匆匆頭腦簡單，不會有太多複雜的想法，牠們的優點是直覺相當好，可能也正是因為頭腦簡單的緣故吧，所以他們總是能迅速採取行動，以應對生活的變化給牠們帶來的挑戰。兩隻小老鼠還各有特點，嗅嗅的嗅覺相當靈敏，經常能夠預見到事情發生的變化，並找到適應新的變化的方向；匆匆則行動敏捷，勇於去嘗試各種新鮮的事物。在尋找乳酪的過程中，兩隻小老鼠只是運用簡單低效率的方法。當他們跑進一條走廊裡，發現房間是空的時候，牠們馬上從原路折返，再到其他的走廊尋找。同時，把沒有乳酪的房間記下來。就這樣，牠們從一個房間找到另一個房間。

哼哼和唧唧則跟普通的人沒有什麼兩樣，喜歡用複雜的思維方式，在採取行動前牠們會思考再思考。靠著複雜的頭腦，他們想出了一套尋找乳酪的複雜方法。當然，這個方法比老鼠的高效得多，因此，牠們碰壁的機會也相應少了許多。為此，牠們還自以為是，甚至看不起相對愚笨的老鼠朋友。然而，也正是因為牠們的複雜頭腦，有時使牠們看問題的眼光變得暗淡起來，這也使得牠們在迷宮中的生活更加的複雜化，也更加的有挑戰性。

但是不管怎樣，這四個傢伙都能以各自不同的方式鍥而不捨的追尋著自己希望中的乳酪。經過一段時間的努力後，牠們得到了應有的回報 —— 到達了乳酪 C 站。

從那以後，四個傢伙每天都會光顧乳酪 C 站，並且，不久牠們都建立了自己熟悉的路線，養成了各自的生活習慣。

嗅嗅和匆匆只知道整天享受著美味的乳酪，並沒有為將來做太多的打算。但是，老鼠的本能也使牠們做好了隨時離開的準備。

兩個小矮人隨著時間的推移，已經習慣了眼前的生活方式，他們從來沒有想過乳酪是從哪裡來的，是誰把乳酪放在那裡的，他們只是理所當然的認為，乳酪總是會在那裡的，乳酪總是屬於他們的，任何人都不會奪走乳酪，乳酪也不會消失。

乳酪 C 站成了哼哼和唧唧的家，他們變得越來越懶散，每天懶洋洋的走進乳酪 C 站，舒舒服服的待在那裡，並且在周圍一帶開展了他們的社交活動。

有時，他們還會與這些朋友一起分享乳酪。總之，他們的頭腦中充滿了幸福和成功的喜悅，覺得從此以後生活就將是無憂無慮的了，絲毫沒有發覺生活是會改變的。

這樣的境況維持了相當長的一段時間。漸漸的，哼哼和唧唧的自信心開始膨脹起來。面對成功，他們開始變得妄自尊大。在這種舒適的環境中，他們一點也沒有察覺到正在發生的變化。

終於有一天，當這四個傢伙來到乳酪 C 站時，發現這裡的乳酪全不見了。嗅嗅和匆匆並不感到吃驚，因為牠們早已察覺到，乳酪是一直在變少的，並且已經對這種不可避免的情況早有了心理準備，而且直覺告訴牠們該怎麼做。兩隻小老鼠並沒有做什麼全面細緻的分析，事實上，牠們也沒有足夠的腦細胞分析這麼複雜的思維。對於老鼠來說，問題和答案一樣的簡單。乳酪 C 站的情況發生了變化，牠們也決定隨之而改變。相互對望了一眼之後，嗅嗅和匆匆就毫不猶豫的在迷宮裡開始了新的搜尋。

相反，由於哼哼和唧唧一直沒有發現這裡發生的細小變化，他們對失去乳酪根本沒有準備。面對新情況，他們表現出相當得不知所措。哼哼只是在那裡聲嘶力竭的吶喊著：「誰搬走了我的乳酪？？」「這不公平！」唧唧則站在那裡一個勁的搖頭，不相信這裡發生的變化。他也原本以為可以像往常一樣找到乳酪的。但是他不喜歡像哼哼那樣瘋狂的叫喊，而只是長時間呆呆的站著，拚命告訴自己，這只是個噩夢，他只想迴避這一切。

要知道找到乳酪並不是一件容易的事情。更何況，對這兩個小矮人來說，乳酪也不僅僅是解決溫飽的食物了，它意味著小矮人悠閒的生活，意味著他們的榮譽，意味著他們的社交關係，意味著他們的社會地位，還有其他很多種要的方面。

然而，正因為乳酪對他們太重要了，他們花了很長很長的時間決定該怎麼辦。但他們所能想到的，只是在乳酪 C 站的周圍尋找，看看乳酪是不是真的不見了。

《誰搬走了我的乳酪？》史賓賽·強森

當嗅嗅和匆匆已經在迅速行動的時候，哼哼和唧唧還在那裡猶豫不決。很多寶貴的時間就這樣被浪費掉了。兩個小矮人只是成天叫嚷著世界對他們的不公平，詛咒著那個搬走了他們乳酪的人。他們完全就沒有思考過，他們本來就是一無所有的，乳酪也是他們從別處得來的。既然以前可以鍥而不捨的追尋自己的乳酪，為什麼現在就不可以靜下心來，重新找尋存在於其他地方的乳酪呢？可能他們這樣做也是可以理解的，因為他們確實已習慣了有乳酪的日子，乳酪已成了生活的一個組成部分，對於他們而言，擁有乳酪是他們的權利。

有一天，哼哼和唧唧又回到了乳酪 C 站。他們總抱著一絲的希望，他們總不斷的欺騙自己說，也許以前找不到乳酪是走錯了地方，也許那個搬走乳酪的人又會把乳酪送回來的，不停的安慰自己。然而結局也是不言而喻的，乳酪確確實實已不復存在。

哼哼則把現在的情況分析來分析去，他用自己複雜的大腦把他所有的準則都翻遍。但是，他是得不出什麼有用的結論的，因為他自己已經陷入了自己編造好的圈套，他不能擺脫「乳酪是自己的，別人不能搶走」這樣的錯誤念頭。因此，他想到的只是：「他們為什麼這麼做？」「別人怎麼有權利搶走我的乳酪？」之類的問題。

過了一段時間，唧唧的頭腦清醒了，他開始反思他們兩人的做法，畢竟光發牢騷是無濟於事的，尋找乳酪來填飽肚子才是現實的選擇。於是，他開始有了嘗試改變的念頭。但是，他這時的想法是一閃而過的，當他把自己的想法告訴哼哼時，卻被潑了一盆涼水。哼哼始終認為他們擁有乳酪是天生的權利，失去乳酪是一些別有用心的人製造的局面，他們本身並沒有什麼過錯，因此，他認為他們並不需要做出任何改變，雖然唧唧進行了反駁，認為這樣的分析是不能解決問題的，但是還是不能說服哼哼。兩個小矮人不停的爭執著該怎麼辦。

嗅嗅和匆匆已沒有什麼猶豫了，他們已經走過了迷宮中的好多地方，進入到了迷宮的深處。皇天不負苦心人，牠們最終到達了迷宮中的乳酪 N 站。那裡是牠們所見過的最大的乳酪倉庫。而哼哼和唧唧仍然待在乳酪 C 站，對他們目前的處境進行揣摩。他們正在忍受著失去了乳酪的痛苦、挫折感、飢餓感和由此而來的憤怒緊緊圍繞著他們，折磨著他們，他們不但沒有去想更好的辦法，而且還為陷入眼前的困境互相指責。

兩個小矮人變得越來越虛弱，變得越來越煩躁。唧唧經常會萌生到迷宮中去尋找乳酪的念頭。他每一次把想法告訴哼哼時，哼哼的反應是：「我喜歡這裡。我只熟悉這裡，這裡很舒服。再說，離開這裡到外面去是很危險的。」「我覺得自己有些老了，不能再做這種跑來跑去到處冒險的事了。而且，我也不想像個傻瓜一樣，時常迷路。你覺得呢？」「也許，我們只需要坐在這裡，看看到底會發生什麼事情。遲早他們會把乳酪送回來的。」在唧唧最需要鼓勵的時候，哼哼給的卻是打擊，於是，失敗的恐懼感又籠罩了唧唧。

乳酪始終沒有再出現過。唧唧已經開始厭倦了等待。終於有一天，他嘲笑起自己來了：「唧唧呀唧唧，看看你自己吧！你居然等到每天重複同樣的錯誤，還總是奇怪、懷疑為什麼情況還沒有得到改善，還有什麼比你這種做法更可笑的呢？這如果不是荒謬，就是滑稽。」他又試圖說服哼哼陪他一起去冒險，畢竟兩個人不會感覺寂寞。但是，哼哼再一次拒絕了他。唧唧現在已不再遷就，他做出了獨自一人出去探險的決定。當唧唧準備出發的時候，他覺得自己整個人都變得充滿了活力，充滿了熱情。他對自己大聲宣布：「這是一個迷宮的時代。」他也對哼哼提出了忠告：「如果你不改變，你就會被淘汰。」

當走出乳酪 C 站走向迷宮深處時，唧唧忍不住回頭看看這個長時間待過的地方，那一瞬間他幾乎無法控制自己，又想回到那個熟悉的地方，又想躲進那個雖已沒有乳酪但很安全的地方。他提醒自己說：「如果你無所畏懼，你會怎麼去做呢？」

唧唧最終衝出了自己的思想束縛，他感覺到在迷宮中探險也並沒有想像中的那麼可怕，並開始慢慢反思以前自己的做法。「我為什麼沒有早點行動起來，跟著乳酪移動呢？」由於身體虛弱，他現在行動將比以前更加吃力，花的時間將更長。他打定主意，一旦再有機會，他一定要盡早走出舒適的環境去適應事情的變化，立即採取措施會使事情變得容易。既然情況已是如此，晚做總比不做好。

前進的道路不會總是一帆風順的，有很長一段時間，唧唧一直沒有發現乳酪，他的體力正在慢慢消耗，恐懼總在他的腦中縈繞，他越來越害怕，害怕得甚至無法對自己承認。他也不明白自己到底害怕什麼，只是知道一個人獨自前行特別孤單。他勉勵自己：「朝新的方向前進，是會發現新的乳酪的。」

迷宮顯得又深又黑，前面有沒有乳酪？是不是潛伏著危險？恐懼一陣一陣朝他襲來。他開始想像各種可能降臨到他頭上的可怕的事情。他越想越怕，快把自己嚇死了。突然，他又想起了那個問題 —— 如果你無所畏懼，你會怎麼做呢？

恐懼只會使事情變得更糟，於是他大膽的朝一個新的方向跑去。當跑完這條新的通道時，他覺得自己的靈魂得到了豐富。他正在放開自己，對前景充滿了信心，儘管他並不能確切的知道前面究竟是些什麼。超越了自己的恐懼，他感到非常的輕鬆自在。

為了使事情進行得更順利，他為自己描繪了一幅美好的圖景。在這幅圖景中，他坐在各種各樣喜歡的乳酪中，隨心所欲的享受著，沒有人來打攪。這種享受新乳酪的情景，他看得越來越清楚，他就越相信這會變成現實，就越有熱情去尋找乳酪。

心情舒暢總能使人行動敏捷，不久，唧唧就發現了一個新的乳酪站。在入口處他發現了一些從未見過的乳酪，味道真好！當他興奮的走進乳酪站時，卻驚訝的發現裡面是空的。原來已經有人捷足先登了。他認知到，如果能早一點採取行動，他就很有可能早已在這裡發現大量的乳酪了。於是他提醒自己：越早放棄舊的乳酪，就會越早發現新的乳酪。機會不會等待人。

唧唧感覺有必要把他的朋友一起拉出來，於是他又折回了乳酪 C 站。哼哼很感激朋友的心意，但是他說：「我不喜歡新乳酪，這不是我習慣吃的那一種。我只要我自己的乳酪回來。除非可以得到我想要的東西，否則我是不會改變主意的。」雖然唧唧很捨不得他的朋友，但是相對而言，他更喜歡尋找乳酪的探險活動。他很清楚，探險不僅能使他得到充足的乳酪，而且探險過程本身就能給他帶來很大的快樂。於是，他毅然決然的離開了自己的朋友。

唧唧不會再讓恐懼感困擾自己了。他感覺自己想要的東西只是一個時間問題。他還認識到，他所害怕的東西根本沒有想像中的那樣糟糕，在你心裡形成的恐懼比你的實際處境要更壞。他曾經是如此害怕找不到新的乳酪，以至於他根本不想開始去尋找。但是，一旦開了個頭，他就發現迷宮裡有足夠的乳酪讓他一直尋找下去的。現在，他期待著更多的乳酪，他還因為自己的期待而興奮不已。

過去他總是習慣於認為，乳酪不會被搬走，變化總是不必要的。現在他知道，變化會不斷發生，不管你是否希望如此。只有當你不希望變化，也不想追尋改變的時候，變化才會讓你感到吃驚。而面對變化，正確的做法就是採取行動，去適應變化。唧唧發現自己的信念終於發生了改變，不再害怕變化了，他又在牆上寫道：不要讓陳舊的觀念束縛了你，因為，陳舊的信念不會幫助你找到新的乳酪。

唧唧還沒有找到乳酪，但是他現在的心態已經完全不同了，他不再害怕，他的行動充滿了熱情，他相信找到乳酪是遲早的事情。他知道，當你改變了自己的信念，你也就改變了自己的行為。你可以相信，變化對你有害，你可以拒絕它；或者，你會相信尋找乳酪對你有好處，你會擁抱這種變化。這些都取決於你相信什麼。

唧唧知道，如果他能夠早一些離開乳酪 C 站，早一點應對這些變化，他現在的境況會更好，身體會更壯，精神會更堅強，會更好的去迎接挑戰。為了提醒自己，也希望哼哼追來的時候也能夠看到，他又在牆上寫道：儘早注意細小的變化，這將有助於你適應即將到來的更大的變化。

唧唧現在尋找美味乳酪的幻想，沒有什麼負擔，過去的早已被拋之腦後。當他感覺一直這樣在迷宮中尋找下去也無所謂的時候，其實，他的旅程 —— 至少是現階段的旅程 —— 即將結束了。在走廊的盡頭，乳酪 N 站已經隱隱可見。當他走進去的時候，眼前的景象使他目瞪口呆：一堆新鮮的乳酪矗立在眼前，好多種類是他從來沒有見過的，而且數量上也遠遠超過了原來的乳酪 C 站。更令他驚奇的是，他遇見了他的兩位朋友 —— 嗅嗅和匆匆。

唧唧認識到，當他害怕變化的時候，他一直受困於對那已經不復存在的舊乳酪的幻想而無法自拔。那麼，又是什麼讓他決定做出改變的呢？可能是害怕餓死的恐懼吧。唧唧突然發現自己學會了自嘲，而當人們學會自嘲，能夠嘲笑自己的愚蠢及所做過的錯事時，他就開始改變了。他甚至覺得，改變自己的最快速的方式，就是坦然嘲笑自己的愚昧。也許這樣，你就能對過往雲煙輕鬆釋然，迅速行動起來，面對變化。同時，從嗅嗅和匆匆身上，唧唧也學到了有益的東西：做事果斷，不畏懼改變，勇往直前。老鼠的思維是簡單的，根本沒辦法跟人的思維相比。但是，有些事情反而會為複雜的思維所累。當形勢發生改變時，兩隻小老鼠迅速隨之改變，循著乳酪的移動方向而移動。唧唧相信擁有了這些體會後，憑著自己聰慧的頭腦，再遇到任何變化時他一定能比他的老鼠朋友們做得更好。

唧唧在認真總結了自己的經驗教訓後明白，只要善於反思自己所做過的事情，每個人都是可以坦然應對變化的。首先，要清醒的認識到，生活是無時無刻不在變化的，不要害怕變化，因為害怕變化只能是逃避現實。善於觀察生活中出現的細小變化，那樣才能夠為即將到來的大變化做好準備。其次，當變化出現時，有時需要簡單的看待問題，以及敏捷的採取行動。把問題複雜化有時會錯失時機。如果不能及時調整自己，也可能永遠找不到屬於自己的乳酪了。再次，必須認識到，阻止你發生改變的最大因素是你自己。只有自己發生了改變，事情才會開始好轉。陳舊的觀念只會使你裹足不前。最重要的是要認識到，新乳酪始終總是存在於某個地方，不管你是否已經意識到了它的存在。只有當你勇於克服自己的恐懼念頭，並且勇於走出自己的習慣方式，去享受冒險帶來的喜悅時，你才會得到新乳酪帶給你的報償和獎賞。

唧唧本來打算回去帶哼哼一起來，並把自己學到的東西告訴他，幫助他擺脫困境。但他又想到了以前試圖改變哼哼時的失敗經歷。他知道，有些事是需要自己去經歷的，哼哼也必須尋找適合自己的路，可能沒有人可以代替他走完這一步，或者沒有人告訴他應該怎麼去做。他必須邁出第一步，否則他永遠不會看到改變自己所帶來的好處。

---

1. 經常聞一聞你的乳酪，你就會知道，它什麼時候開始變質。
2. 阻止你發生變化的最大制約因素就是你自己。只有自己發生了變化，事情才會開始好轉。

3. 當你超越了自己的恐懼時，你就會感到輕鬆自在。
4. 在我發現乳酪之前，想想我正在享受乳酪，這會幫助我找到新的乳酪。
5. 如果你不改變，你就會被淘汰。
6. 變化會不斷發生，不管你是否願意。只有當你不希望變化，也不想追尋變化的時候，變化才會讓你感到吃驚。
7. 坦然嘲笑自己的愚笨，你就能對過往雲煙輕鬆釋然，迅速行動起來，面對變化。
8. 變化隨時可能降臨，但是積極的面對變化會讓你發現更好的乳酪：塞翁失馬，焉知非福。
9. 做好迅速變化的準備，不斷的去享受變化 —— 記住，別人會不斷的拿走你的乳酪。
10. 盡快適應變化 —— 越早放棄舊的乳酪，你就會越早享用到新的乳酪。

《再論如何激勵員工》弗雷德里克．赫茲伯格

One More Time: How Do You Motivate Employees?
Frederick Herzberg

弗雷德里克．赫茲伯格，美國著名管理學家，生於一九二三年。參加了第二次世界大戰，被派往解放後的達豪集中營。返回美國後，弗雷德里克．赫茲伯格上了匹茲堡大學，獲得理學博士學位，曾在美國衛生部門任職，從事他擅長的臨床心理學。曾任美國凱斯大學心理系主任。赫茲伯格現任猶他州大學的管理教授。在美國和其他三十多個國家，他多次被聘為高級諮詢人員和管理教育專家。

赫茲伯格在管理學界的巨大聲望，一方面是因為他提出了著名的「激勵——保健因素理論」，另一方面是因為他對「職務豐富化」理論所進行的開拓性研究。他被視為一九五〇年代人際關係學派的代表人物。

一九五〇年代的管理學界有一種認識：薪資與業績掛勾，員工持股計畫、年終分紅等經濟因素是激勵員工工作的唯一因素。但是這種理論在企業管理中並沒有真正發揮應有的作用，相反還造成了一定的缺陷，作者在《再次如何激勵員工》這本書中來闡述這個問題。

如果要一個人去做某件事，最簡單的激勵方式是什麼呢？很多人會說：「給他屁股上踢一腳」，這便是所謂的「踢一腳」式激勵的方式，它大致包括三類。

第一類是體罰的激勵方式，這在過去是經常採用的。顯然這是很粗俗的，而

且它徹底改變了企業在員工心目中的良好形象。此外由於體罰只作用於環境保護的自律神經系統，所以它只會帶來消極的反應 —— 員工會反過來與管理人員發生暴力衝突。

第二類做法是靠實施心理壓力來對員工進行激勵，這種消極的心理壓力方式對員工影響似乎是無形的，而且是可以延長的；其心理影響直接作用於大腦，所以身體上的強烈反應減少了；既然一個所能感受到的心理痛苦幾乎是無限的，所以可以提供實施心理壓力的範圍也更廣泛了；如果員工膽敢抱怨受到了心理壓力，他一定會被說成是妄想狂，因為沒有看得見的證據表明他確實受到了傷害。以上這兩類反面的「踢一腳」方式得到了什麼結果呢？比如我踢了你，誰被激勵了呢？你是被踢得動了，而不得不去工作。所以，反面「踢一腳」的方式不會導致真正的激勵，而只能導致機械性的運動！

第三類可以稱為正面的「踢一腳」方式，即對員工採用「拉」而不是「推」的方式。比如我對你說：「為了公司你去做這件事情吧！作為回報，我會給你獎金，更高的地位等等。」大多數管理人員認為這就是激勵。一個企業如果想採用這種激勵方式，必須有大量的「誘惑物」不斷的在員工眼前晃動，就像要一條小狗跳起來，你必須不斷的在牠眼前晃動食物一樣。這種方式之所以得到普遍應用，是因為這是一種傳統，是美國的方法。企業並沒有「踢」你，而是你自己在「踢」自己。

如果一個人需要借助外界的力才動一下的話，那麼他還會需要第二次、第三次外力。只有當一個人自身產生了動力，才談得上是真正受到了激勵。因為他不再需要外部的刺激了，他自己就需要那樣做，只有依據這一思想，才可能出現下面這些後來出現的、同樣屬於正面「踢一腳」的激勵方式，但實際上並沒有真正達到激勵的目的。

1. **減少工作時間**。有人認為激勵人們努力工作的一個極好的方法就是使他們脫離工作，所以在過去的五、六十年間，人們一直在減少花在工作上的時間，甚至到了要求一週只工作半天的地步。與此相似的是開展娛樂計畫。這一方法的核心思想是認為玩在一起的人，才能工作在一起。這麼一來，這些人工作的時間不是更短了而是更長了。

2. **增加薪資**。顯然這會產生激勵。而且它使人去努力追求下一次的薪資成長。

3. **提高福利待遇**。在這方面，美國的企業已經花費了相當於薪資的百分之二十五的錢，而人們還在為激勵問題而抱怨。事實上，人們現在拿的錢多了，各種福利待遇多了，而工作時間卻少了。那些附加的福利不再是獎勵，而是員工有權必得的了。所以，除非拿出越來越多的錢用於提高附加福利，否則工人們就會覺得工廠在把時鐘向後撥。當企業家們認識到工人的經濟慾望和懶惰慾望是無窮無盡的時候，他們才開始求助於行為科學家。在批評企業家們不知道如何對待人的問題上，這些行為科學家更多的是基於人們的習慣而不是科學研究的結果。

4. **人際關係訓練**。三十年來的實踐只是產生了一批費用昂貴的人際關係訓練計畫。可笑的是，三十年前要讓工人做某件事只要說一個「請」字就夠了，而現在則要加三個「請」字才能使工人對他的上司態度感到滿意。這一失敗說明：領導者或管理人員在處理人際關係時竭力表現出來的和藹可親並非是發自內心的。這導致了一種新的人際關係激勵方式 —— 敏感性訓練的應用。

5. **敏感性訓練**。敏感性訓練中最典型的問題是：你真正理解自己嗎？你真正相信別人嗎？你真心與他人合作嗎？而有人還是把這一方法的失敗歸結為未能真正實施正確的敏感性訓練課程。

企業人事經理們已經認識到：透過提供舒適的條件，運用經濟手段，或是建立良好的人際關係來進行激勵，只能得到暫時的效果。其問題不在於這些經理所做的努力本身，而在於員工沒能理解他們做出的努力。這一認識開闢了一個新的領域 —— 溝通。

6. **交流溝通**。許多研究交流溝通的專家被請去參加這種管理計畫以幫助員工理解管理人員為他們所做的事情，但是依然沒有產生激勵的效果，這使得專家們想到也許是管理人員不知道員工們在想什麼。

7. **雙向溝通**。管理人員為此採取了多種步驟，比如士氣調查，建議計畫，小組參與計畫等。與過去相比，管理人員和員工更多的坐在一起進行交流，傾聽彼此的意見。但是，這並沒有在多大程度上改進激勵的效果。

行為科學家們開始了更進一步的思考。他們發現，人們需要實現自我。持「自我實現論」的心理學家與人際關係心理學家共同提出了一種新的激勵方式。

8. **工作參與**。比如在生產項鍊表的裝配線上，某個工人的工作是每天上一萬個螺帽，然而人們卻說他正在造世界上最著名的錶。工作參與的另一種形式是使工人基本上感到他能對自己的工作做主。其目的是給工人提供一種成就感，而這不是真正的成就，因為真正的成就取決於工作本身能否真正提供成就感。所以這一種思想還是沒有產生激勵。

9. **與員工談心**。這一形式最早應用於一九三〇年代在西方電氣公司所進行的霍桑試驗，當時，談心只是一種讓員工透過向人訴說自己困難而減少心理負擔的方式。這一做法後來遭到非議，其原因是干擾了企業、組織的正常工作，因為參加談心的顧問們想著手解決他們聽到的問題，而忘記了自己現在只是充當傾聽者。但是，有關心理諮商方面的談心卻沒有受到這種負面影響，而且隨著進一步完善而日益興旺。不幸的是，這類計畫像以往的那些計畫一樣，都沒能真正解決「如何激勵員工」的問題。

我們再來看一下激勵 —— 保健因素理論。這個理論透過對一些工程師、會計師所進行的調查研究，得出了這樣的結論：使人產生工作滿意感和受到激勵的因素與產生工作不滿意感的因素是彼此獨立各不相同的，同時這兩種感受也不是相互對立的，工作滿意感的對立面不是工作和不滿意感，而是沒有工作滿意感；同樣，工作不滿意感的對立面不是工作滿意感，而是沒有工作不滿意感。

這涉及到人的兩種不同需要。一種需要來自人的動物本能，是一種抵禦環境壓力的內在動力，比如人的生理需要，要賺錢等等。另一種需要是人所特有的成長需要，即取得成就的能力，以及透過成就來體驗精神上的滿足。在企業中，能滿足成長需要的是工作內容，能滿足本能需要的是工作環境。激勵因素對於工作來說是內在的，它包括：成就，成就得到承認，工作本身，責任，以及成長與發展。保健因素對於工作來說是外在的，它包括：公司政策與管理方式，上級監督，人際關係，工作條件，薪資，地位與安全。

《再論如何激勵員工》弗雷德里克·赫茲伯格

人事管理有三類最基本的思想，其一來自組織理論，其二來自工業工程理論，其三來自行為科學。組織學家把人的需要看成是無理性的、多種多樣的和多變的。所以他們認為只要把工作按照合理的方式組織起來，就能夠獲得最有效的工作結構和最圓滿的工作態度。工業工程學家認為人是被動的，靠經濟手段才能激勵，可以透過把一個人置於有效率的工作過程中來滿足他的需要。管理工程學家把人事管理的目標視為透過建立最適宜的激勵系統來最有效的利用人類這種機器，他們相信，透過能夠導致高效運轉的工作設計，可以獲得工作的優化組合以及適宜的工作態度。行為學家更注重的是群體情緒，員工的態度以及組織的社會與心理環境。他們認為人事管理主要應當集中在人際關係教育上，希望由此能使員工產生積極健康的工作態度並創造一個符合人類價值觀念的工作環境。他們相信良好的工作態度能產生有效的工作與組織結構。

激勵——保健因素理論實際上是用調整激勵因素的方法激勵員工。我們選擇「職務豐富化」這個詞來代替以往的「職務擴大化」，這是因為：職務豐富化為員工提供了精神滿足和成長的機會，而職務擴大化只是使工作在結構上擴大了。

在職務豐富化的過程中，管理人員常常只是成功的分解了員工的個人貢獻，而沒有在他們熟悉的工作中為他們創造成長的機會：這實際上只是職務擴大化，我們稱之為水準方向擴大職務範圍，它提供的是激勵因素，這才是職務豐富化的真正含義，它已經成為早期的職務擴大化計畫中的主要問題，因為它只是增加了工作的無意義性。其典型做法包括：提高對員工的定額要求，對他們發出挑戰，這等於零乘以零；增加毫無意義的日常辦公室工作，這等於零加上零；把一些本身需要進一步進行的工作重新組合一下，這等於用一個零代替另一個零；去掉工作中最困難的部分，使員工得以輕鬆的完成更多的不那麼有挑戰性的工作，這等於減掉了員工更多的完成工作的希望。

管理人員在實施職務豐富化時應遵循如下步驟：

1. 被選擇進行豐富化的工作，應具備這樣的特點：①在管理工程方面的投資不會導致成本的大幅度變化；②員工對該項工作的態度很糟，花在保健因素方面的成本越來越高；③激勵將導致員工不同的工作表現。

2. 應當深信這些工作是能夠被改變的。多年的傳統使經理們認為工作內容是神聖不可侵犯的，似乎唯一的辦法是採用以前那些激勵人的老辦法。
3. 盡量多的列出可能使職務豐富化的新主意，而先不要考慮其可行性。
4. 審查這些新主意，剔除包含保健因素的建議，保留真正的激勵建議。
5. 剔除那些籠統的概念，例如「給他們更多的責任」這類話，因為在實際執行中很少真的能這樣做。應當徹底摒棄只要形式不重實質內容的做法。
6. 剔除一切水準方向擴大職務範圍的建議。
7. 對那些職務範圍將進行豐富化的員工，應當避免他們直接參與這一計畫，因為這會由於人際關係方面的保健因素而影響職務豐富化的過程。創造動機的是工作內容，至於是否參與工作設計並不會產生動機。職務豐富化這一過程會在短期內結束，然而正是員工從此做什麼工作將決定他們的動機，所以參與只會導致短期的效果。
8. 在開始實施職務豐富化計畫時，進行一次可控試驗。至少選兩個相似的組，在一段時間內對試驗組系統提供一些激勵因素，而對照組則不變。在試驗過程中，兩個組的保健因素相對穩定。有必要在事前和事後進行工作表現和工作態度的調查，以檢驗職務豐富化的效果。為了把員工對工作的看法和他對周圍所有保健因素的感受區別開來，有關工作態度的調查應只限於激勵因素的影響。
9. 對試驗組在頭幾個星期內可能出現的工作品質下降應有所準備，因為工作的適應性會導致暫時的低效率。
10. 要預見到一線管理人員可能會對變革產生憂慮和對立的情緒。憂慮是因為他們害怕變革會給他們公司帶來更糟的工作表現。而對立則是由於員工的自主性變強了，失去監督責任的管理人員可能會覺得無事可做。但是，如果試驗是成功的，那麼管理人員就會發現許多過去被忽視了的或是未曾想到的新的監督和管理責任。

所以，以員工為中心的管理方式不是管理人員的教育而是透過改變他們所做的工作來實現的。

---

1. 職務豐富化不是一次性的計畫，而是一個持續不斷的管理功能。不是所有的工作都能豐富化，也不是所有的工作都需要豐富化。但是今天花在保健因素上的一小部分時間和金錢，當初如果能夠用於進行職務豐富化，那麼在人際關係的滿意程度上和經濟上所取得的收益可能會大得多。
2. 既然反面「踢一腳」的方式只能導致短期效果，正面「踢一腳」的方式也走到了盡頭，繼續採用這些做法只會徒勞的增加費用。那麼，唯一的出路顯然是另闢蹊徑。
3. 人本身具有多種行為特徵，眾多的行為特徵都可被視為是正常的，這正取決於人們對不同文化的接受程度。所以，有關工作的激勵理論擴展到了心理健康以及心理缺陷的概念領域內。

《一種有效的領導管理》弗雷德．菲德勒

A Theory of Leadership Effectiveness *Fred Fiedler*

弗雷德．菲德勒，美國著名的心理學家和行為學家，出生於一九一二年。菲德勒早年就讀於芝加哥大學，獲博士學位，畢業後留校任教。他曾任美國華盛頓大學心理學與管理學教授，兼任荷蘭阿姆斯特丹大學和比利時盧萬大學客座教授。一九五一年移居伊利諾州，擔任伊利諾伊大學心理學教授和群體效能研究實驗室主任。

菲德勒最主要的貢獻是提出了「權變領導理論」，開創了西方領導學理論的一個新階段，使以往盛行的領導形態學理論研究轉向了領導動態學研究的新軌道。菲德勒的理論對其後領導學和管理學的發展產生了重要影響。

《讓工作適合管理者》是菲德勒曾在《哈佛商務評論》雜誌上發表的第一篇系統闡述權變領導理論的論文。這篇具有劃時代意義的論文一經發表，就引起了世人的矚目，他在文中提出了領導方式取決於環境條件的著名論斷。他於一九六七年撰寫、出版了《一種有效的領導管理》一書，提出了「有效領導的權變模式」。

在《一個有效的領導管理》一書中，菲德勒認為，沒有什麼固定的最優領導方式，應當根據領導者的個性及其面臨組織環境的不同，採取不同的領導方式。他在該書中提出了權變領導理論。這是權變理論最著名的觀點。

菲德勒認為，一個組織的成功與失敗在基本上取決於管理人員的素養。如何尋求最佳的管理人員是一個非常重要的問題，但更現實、更重要的是如何更好的發揮現有管理人員的才能。

《一種有效的領導管理》弗雷德・菲德勒

為了得到好的經理人員，就應該改變組織環境，即領導者所處工作環境中的各種因素。管理者應當嘗試著變換工作環境使之適合人的風格，而不是硬讓人的個性去適合工作的要求。

一、什麼是權變管理

菲德勒認為，權變就是在管理過程中，要保證管理工作的高效率。在環境條件、管理對象和管理目標三者發生變化時，施加影響和作用的種類和程度也應有所變化，即領導手段和方式也應該發生變化。

1. 權變的含義

權變最通俗的含義是隨機應變。在企業管理中，權變的含義可以從以下三個方面來理解：

(1) 空間上的含義

權變，是指管理者由於所處職位的不同，以及企業所處環境條件的不同，而在管理方法上所做的調整、變化。

由於企業所處環境條件的不同，管理者在管理方法上也應做相對的調整、變化，這裡的環境條件主要包括：企業的組織結構、企業的外部環境條件、企業員工的士氣和整體成熟度、原管理人員的風格和方式等等。這些環境條件都會影響管理者實施的管理方法的效果，為了使管理工作達到高效率，管理者應該調整管理方法，使之與企業所處的環境條件相適應。

(2) 時間上的含義

權變，是指因時代發展和進步而導致企業環境條件和管理對象的變化，從而引起管理方式和手段的改變。這通常表現為新時代的管理方式和手段相比較於舊時代的重大革新和改進，以歷史的觀點和發展的觀點來分析管理方式的改進，就比較容易發現權變在管理上的重要作用。權變原則在時間上的含義也包含這樣的內容，就是企業管理者隨著自身年齡和閱歷的成長而在管理和領導方式上所做的變化，以及管理者根據管理對象在時間上的漸趨成熟而調整自己的管理和領導方式。

(3) 對象上的含義

權變，是指因為管理對象的多樣性和變化性而相對的在管理方式和手段上的改變。由於管理對象在文化素養、觀點成熟度、個性等方面存在著差異性，上下者除了有一致的作用於整個工作群體的管理方式和手段之外，還有不一致的影響和作用於群體中每一個人的管理方式和手段，例如針對不同員工的溝通方式、激勵方式、授權方式等。

菲德勒指出，管理者應當學會分析和識別工作環境，然後便可以將部門經理和下層經理分配到適合他風格的環境裡去工作。每種具體環境需要什麼樣的管理風格，取決於環境對管理者的有利程度，而這種有利程度又由若干環境因素決定。他認為，改變環境因素要比調換下級經理和改變他們的作風容易許多。

2. 權變管理的內容

菲德勒認為，權變管理的內容主要有：環境條件、管理對象、管理目標、領導方式和手段，它們之間的相互關係可由下列等式近似的加以描述：

管理目標 = 環境條件 + 管理對象 + 領導方式和手段從以上等式可以看出：環境條件、管理對象、管理目標三者之一任何發生變化，管理手段和方式都應該隨之發生變化，這就是權變管理的原則。

在管理對象和管理目標保持不變，環境條件發生變化的情況下，在原有環境條件下的管理手段和方式已不適應於新的環境條件，這與高效率管理所要求的「管理手段和方式應與環境條件相適應」的原則相違背，因而，管理手段和方式也應該隨之發生改變。

在管理目標和環境條件保持不變，管理對象發生變化的情況下，施加影響和作用的接受者已經發生了變化，這種影響和作用就很難達到預定的管理目標，因而，為達到原來高效率的管理目標，管理方式和手段應跟隨管理對象的不同而發生變化。

在管理對象和環境條件保持不變，管理目標發生變化的情況下，施加不變的影響和作用只可能達到原來的管理目標，要使管理目標發生變化，施加的影響和作用也應發生變化，即管理手段和方式應隨管理目標的變化而發生變化。

二、環境條件

菲德勒認為，不存在適用於任何環境的最佳領導風格，某種領導風格只是在一定的環境中才可能獲得最好的效果。一位在某種環境中能取得成效的領導者(或一種領導風格)，在另一種環境中就不那麼有效。

1. 決定領導風格的環境因素

經過長期研究後，菲德勒認為，有三類主要的環境因素決定了領導風格：

(1) 團隊的氣氛

這也就是領導者與下屬的關係，主要是指領導者與其下屬之間是否相互信任，下屬是否歡迎該領導者。

菲德勒認為，這一點對一個領導者來說，是其領導成功與否的最重要條件。

因為，任務結構和職位權力，一般來說都是企業能夠控制的，而這一因素卻是企業無法控制的。它直接影響領導者對下屬的影響力和吸引力，反映下屬對領導者的信任、喜愛、忠誠和願意追隨的程度。受歡迎的領導在指揮過程中並不需要炫耀身居高位和大權在握，下屬都自願追隨他並執行他的命令。衡量領導者與員工關係可以使用所謂「社會心理研究提名」方法，即要求群體成員提出群體中最有影響、最有威信的人的名字，也可以用群體中的民主氣氛衡量這種關係。

(2) 工作任務結構

這是指下屬工作程序化、明確化的程度。菲德勒認為，如果工作的性質是單純的、常規的，則這種工作任務就會表現為目標明確、程序簡單，有錯誤能及時發現，也容易修正，下屬也能明確的承擔自己的責任，那麼領導者就可以下達具體的指令，下屬的任務只是執行。

結構清楚明確的工作任務對於專制的領導者是有利的，因為他可以很容易的下達程序化的工作指令，並可以按步驟分階段檢查各階段工作的情況。工作任務含混，領導者的控制力就很弱，而這恰好為群體提供了輕鬆氣氛，有利於創造力的發揮。在一般情況下，領導層完成一個結構化的任務比完成一個非結構化的任務要容易得多。

(3) 領導者的權力和地位

領導者擁有的職位權力、領導者所處地位（職位）的固有權力是最後一個環境因素。這是指與領導正式職位相關的正式權力的強弱程度，即領導者從上級和整個組織各方面所取得支援的程度。領導者職位權力不是來自他個人（例如能力、水準）的權力，職位權力較強的領導者指揮起來更得心應手。

菲德勒指出，擁有明確職位權力的領導者比沒有這種權力的領導者更容易使下屬追隨自己。一般來說，經營組織中的領導者，其職位權力較強，而其他組織或委員會中的領導者，其職位權力較弱。

菲德勒認為，三個環境因素中最重要的是領導者與員工的關係，最不重要的是職位權力。菲德勒經過大量調查研究後指出，在不同的環境條件下應該採取不同的領導方式，如方法得當便可取得很好效果。採取以人際關係為中心的民主型領導方式效果較好，不同的領導風格在一定的環境條件下表現出各自較好的適用性。

2. 組織的內外部環境

菲德勒認為，環境包括外部環境和內部環境。外部環境是指國際和國內影響組織生存和發展的各種因素；內部環境是指組織的結構。

組織除了外部的環境對其管理工作有著重大的影響之外，組織內部的組織結構的變化也影響著組織的管理工作，組織結構應該與不同的管理方式相適應。

組織結構的變化一般有：

(1) 簡單型組織結構

最高領導者掌握決策權，集權程度較高，不強調工作專業化，強調對工人的直接監督，組織形式是平坦式。一般積極擴展形成的小企業公司，大企業下屬新興的小工廠，政府新建立的部門等較年輕的公司都採用這種組織結構形式。

(2) 機械行政型組織結構

這種組織結構形式的專業化和標準化程度高，實行有限的分權，專家技術人員受到重視。一般歷史較長、處在穩定環境中的企業公司都採用這種組織結構形式，例如鋼鐵企業和汽車製造企業等。

(3) 專業行政型組織結構

在這種結構內，專業技能標準化程度高，並以此作為協調活動的主要形式。

在這種結構裡分權程度高，中層管理人員較少，專業人員是整個組織的重要方面；專業人員更關心的是自己的業務，而不是組織；但這種組織結構的協調方面往往會出現問題。一般的大學、醫院和會計事務所多採用這種組織結構。

(4) 部門化結構

在這種組織結構中，產品標準化程度高，中層管理人員是關鍵；最高層對「垂直」線組織實行有限的分權，往往把權力下放到中層組織，而各中層管理者對下屬則往往實行集權制。一般以生產為主的企業公司，由於對付複雜的市場挑戰，大多採用這種組織結構。

(5) 特別委員會組織結構

利用特別委員會的形式來調整相互之間的協調合作，參謀人員達到重要的作用。在組織內實行有選擇的分權形式，沒有專門化、形式化和統一的監督指揮，國外例如美國航空局和波音公司就採用這種形式。

不同的組織結構要求有不同的管理方式，即使是相同的組織結構，管理方式也應該隨組織規模的大小、組織所處的社會環境、組織成員的成熟度等影響因素的變化而變化。

3. 改變環境因素的方法

菲德勒認為，要改變環境因素可以透過以下幾方面來實現：

(1) 改變領導者的職位權力

設計組織人員結構時，可以安排與經理同級別的職員做下屬，也可以安排比他低二至三級的人員做下屬。可以賦予他絕對的權威，也可以使他不得不與下屬商量以後再做決定。最高層領導人可以放手讓部門經理管理他的部門以提高其威信，也可以直接插手部門的具體事務。這些都可以提高或降低領導者的職位權力。

(2) 改變工作任務結構

安排工作時，可以給一個經理下達附有詳細說明的任務，或直接下達作業計畫；而給另一個經理卻只下達一個籠統的說明，下達工作範圍和邊界都模糊不清的任務。這種辦法無疑可以改變工作任務的程序化和明確化程度。

(3) 改變領導者與下屬的關係

透過改變工作群體人員組成成分可以改變領導者與下屬的關係，或者把有類似人生觀、宗教信仰和經歷的人組織在一個群體中，或者把文化修養不同、語言不同，性格不同的人組織成一個群體。顯然前者的領導者與下屬關係比較容易做好，而後者就困難得多。

三、管理對象

菲德勒認為，管理對象的複雜多樣性是管理工作應該採用權變原則的又一重要原因。管理應該因人而異，不會變通、強求一致的管理方式可能會導致管理上的失敗。

1. 管理對象的複雜性

在組織管理中，要求採用權變原則對象的複雜性，一般包括以下三個方面的含義：

(1) 人的素養差異性

人的素養差異性要求管理方式的差異性。人的素養包括知識文化水準、組織領導才能、社會交往能力、政治思想覺悟程度以及能力素養等，素養的高低在基本上影響著管理方式的改變。

文化素養的高低是一個人綜合素養的重要指標，但不是唯一的指標。品德優劣是一個人素養的另一重要內容。管理者都普遍的認為：如果他的下屬是道德素養高尚的人，他的管理就會輕鬆得多；相反，如果他的下屬品質惡劣，管理中就經常會出現不必要的爭論、猜忌和埋怨等，為了提高管理的效能，管理者也就不得不付出更多的時間和精力。人的素養還包括能力素養，而能力素養反映一個人實際工作能力的大小，知識素養和能力素養並不能劃上等號。

(2) 人的觀念成熟度差異性

人有觀念成熟度差異性要求管理方式的差異性。人的觀念成熟度是指對於管理與被管理、領導與被領導的正確觀點和態度，觀念成熟度高的人能正確的理解管理工作，能從組織目標的角度認可與接受管理者下達的命令和任務，更自覺的為組織做切合實際的努力。這樣的人通常受過較好的教育，有一定的組織經驗，工作的動機較明確，也敢於承擔義務和責任。人的觀念成熟度與人的素養密切相關，通常工作經歷豐富的人會表現出較高的觀念成熟度。

(3) 人的個性差異性

人的個性差異性對管理方式產生不同的影響。不同性格氣質的人在不同時候會表現出並非一致的優點和缺點。

管理對象的差異性（素養、觀念成熟度和個性）都要求管理者採用權變原則去更有效的管理每一個人，盡量發揮每一個人的優點、長處和才智，這對於管理者自身和管理對象都是有利的事情，應該為管理者靈活掌握。

2. 特定的自我

每一個特定的管理者就是一個特定的自我，他有特定的素養和個性，同時他特定的年齡、經歷及其職位構成了他特有的管理者形象。這種管理者自身的特定性也是管理工作要求權變原則的一個重要原因。

不同的管理環境和管理對象要求不同的管理方式，這種管理方式的變化有時對於特定的管理者而言是難以做到的。

(1) 管理者應該因管理環境和管理對象的變化在管理方式方法上有所變化，讓管理者和管理對象及管理環境之間相互配合。

(2) 如果特定的管理者無法適應變化的要求，那麼管理者放棄不適應的管理工作和此種管理工作更換一位新的管理者是必要的。

這兩個方面的含義都是權變原則的展現，這也說明了特定的管理者為什麼要採用權變原則。一個人是否適應於某種管理工作，主要取決於兩種因素：一是他願意不願意；二是他有沒有能力。通常最有效的管理是那些成就慾望非常強烈，個人積極性也非常大的人創造的。無法想像一個不想追求卓越、不求進取、積極性不高的人會創造出高效的管理。這就從另外一個角度說明了特定的自我是與特定的管理環境和管理對象相適應的，不承認這一點也就是不承認權變原則。

四、領導方式

菲德勒認為，領導是指一種人際關係，是指某一個人指揮、協調和監督其他人完成一項共同的任務。

1. 領導方式的類型

菲德勒假設了兩種主要的領導方式類型：

(1) 任務導向型

這種領導者傾向於追求工作任務的完成，並從工作成就中獲得滿足，他們會明確指令下屬做什麼和怎樣去做。它是傳統的以工作任務為中心的專制獨裁領導風格。

(2) 人際關係型

這種領導者傾向於追求良好的人際關係，並從中獲得地位和尊重的滿足，他們會與組織的成員共同分擔領導工作和責任，吸收他們一起規劃並實現組織目標。究竟採取哪種類型的領導方式，決定於領導者的個性和領導者所處的環境。它是人情味十足的以群體為中心的領導方式。

儘管這兩種極端的典型領導風格都存在缺點，但是它們都達到了激勵組織成員並使之配合協調行動的目的，只是使用的手段不一樣。

2. 權變管理的方式

為了使領導者風格與工作環境的需要吻合，管理人員有以下兩種辦法可採用：

(1) 以崗選人

先確定某具體工作環境中哪種風格的領導者工作起來更有效，然後選擇具有這種風格的管理者擔任領導工作，或是透過培訓使其具備工作環境要求的風格。這種權變方式是通常所採用的，而且是應加以提倡的方式。根據管理環境的變化靈活機動的改變管理方式是保證管理工作高效率進行的重要條件，不知變通的管理只會導致管理工作的失敗。

(2) 以人選崗

先確定某管理人員採用什麼樣的領導風格最為自然，然後改變他的工作環境，使新的環境適合領導者自己的風格。管理環境適合於管理者的方式通常是管理者透過說服或指令管理對象，使管理對象的態度發生轉變，從而使管理方式有效的一種權變方式。因為這種說服和指令也是管理者主動進行的，是管理者遵循著權變原則的結果。這一個結果產生的過程就是權變的方式。

在大多數情況下，管理中的權變方式是管理者適合於管理環境和管理環境適合於管理者兩種方式的結合，但管理者適合於管理環境易於實行，因而是我們大力提倡的一種方式，在企業員工素養較高時，管理環境適合於管理者也能順利的執行。權變的原則是要求管理者和管理對象相互做出調整，使之互相適應，以使管理效率達到最大化。對於一個管理者而言，努力使自己適應管理環境的要求，有利於管理中權變原則的遵循，也有利於管理工作的高效率進行。

3.LPC 問卷方法

在分析領導者的領導風格時，菲德勒首創了 LPC 問卷方法，LPC 的英文是 Least Preferred Coworker，即「最不喜歡與他人合作」的意思。LPC 調查問卷要求每個群體的領導者對他「最不能合作共事」的同事按照一系列「正反兩極」式項目進行評分。這些同事不一定是當時在一起工作的，也可以是以前的同事。根據評分可以測定這個領導者對同事的態度。

得高分的人，即用表示讚許的詞句評價他最不喜歡的同事的人，是以人際關係為中心的，關心的是建立良好的人際關係，並且透過這種人際關係來維持自己的地位和滿足自尊的需要，他們對下屬往往持體諒和支持的態度。當人們各種需求的滿足受到威脅時，他們將加強自己同群體裡成員的交往作用，以求鞏固他們之間的關係。

得低分的人，即用表示嫌棄的詞句評價他最不喜歡的同事的人，是以任務為中心的，關心的是工作任務的完成，即使為此而損害了人員之間的關係，也在所不惜。他們重視的是透過完成任務來達到自尊心的滿足。當他們各種需求的滿足受到威脅時，他們也會利用人際關係以便順利的完成工作任務。這同樣得高分的人透過關心工作任務來做好人際關係是不同的。前者是關係導向型的領導方式，後者是任務導向型的領導方式。

菲德勒認為，一個人的領導風格是與生俱來、固定不變的，個人不可能改變自己的風格去適應變化的環境，這意味著如果環境要求任務導向型的領導者，而在此領導職位上的卻是人際關係導向型領導者時，要想達到最佳效果，則要麼改變環境，要麼更換領導者。

4. 認知資源理論

一九八七年，菲德勒及其助手喬．葛西亞重新定義了先前的理論，以處理「一些重要的、需要引起注意的疏漏之處」。具體來說，他們想解釋領導者透過什麼而獲得了有效的群體績效這一過程。他們將這一重新界定的概念稱為認知資源理論。

(1) 理論的假設條件

這一理論是基於以下兩個假設條件的：①睿智而有才幹的領導者比德才平庸的領導者更能制訂更有效的計畫、決策和活動策略；②領導者透過指導行為傳達了他們的計畫、決策和策略。在此基礎上，菲德勒和葛西亞闡述了壓力和認知資源（如經驗、獎勵、智力活動）對領導者有效性的重要影響。

(2) 新理論的作用

認知資源理論可以進行下面三項預測：①在支持性、無壓力的領導環境下，領導者行為只有與高智力結合起來，才會導致高績效水準；②在高壓力環境下，工作經驗與工作績效之間成正比；③在領導者感到無壓力的情境中，領導者的智力水準與群體績效成正比。

菲德勒和葛西亞承認，他們所得到的資料還十分有限，不足以從根本上支持認知資源理論，而這些證明該理論的有限研究證據所得到的結果也較為混亂。

顯然，這方面還需要進行更進一步的研究。但是，從菲德勒原有的領導理論對組織行為學的影響，從新理論與原有模型之間的關係，以及從新理論把領導者認知能力的引入三個作為領導有效性的重要影響因素方面來看，認知資源理論應不會被人們所忽視。

5. 提高領導管理的途徑

菲德勒認為，個體的領導風格是穩定不變的，因此提高領導者的有效性實際上只有兩條途徑：

(1) 替換領導者以適應環境

如果群體所處的環境被評估為十分不利，而目前又是一個關係取向的管理者進行領導，那麼替換一個任務取向的管理者則能提高群體績效。菲德勒認為，依靠招聘和培訓管理人員來適合工作環境要求不是好辦法。許多企業都在設法吸引那些經過良好訓練而且有豐富經驗的人充當領導，這些人絕大多數都是一些專家而且年事已高，他們的才智已經很難再有所發展，企業今後是不能依靠這些技術專家的。

(2) 改變環境以適應領導者

透過重新建構任務或提高降低領導者可控制的權力因素（如加薪、晉職和訓導活動），可以做到改變環境以適應領導者。

企業可以把人員培訓成具備一定風格的經理，但是這種培訓很困難，而且成本高、時間長。與此相比較，按照經理人員自己固有的領導風格，分配他們擔任適當的工作，要比讓他們改變自己的作風以適應工作容易得多。

五、環境條件與領導方式的相互關係

透過大量的實驗統計，菲德勒認為，組織環境條件與領導方式有明顯的相互關係。當工作任務明確，但與下屬的關係不良時，領導者必須考慮下屬的感情因素，善於處理人際關係，改變與下屬的關係，方能取得成功。當領導者與下屬的關係良好，但工作任務不明確時，領導者就必須善於依靠其良好的人際關係，調動下屬的積極性和創造性，來克服工作任務不明的不利因素，方能完成任務。

菲德勒認為，人際關係型的領導者（LPC 值高者）都易於取得成功。因此，對人際關係型的領導者，應將其安排到處於中間狀態類型的組織環境中工作；相反，屬於任務導向型的領導者（LPC 值低者）則適宜安排到非常有利和非常不利兩種類型的組織環境工作。

環境不是一成不變的，當環境因素發生變化時，與之相適應的領導風格也會發生變化。因此，即使一個管理者的領導方式與環境的要求一致，即使現在工作順利，也並不意味著他就永遠適合於做這個工作，除非他的風格也隨環境的要求而變化。

比如在一個工作程度很清楚明確的企業，領導者受員工信賴並精明能幹，以往工作成績顯著，突然企業面臨危機，於是經理便會把顧問們請來商量對策。過去在順利時經理只需要下達命令就行了，是專制型的領導。而他和顧問們一起開會時便需要和諧氣氛，必須當民主型的領導。

六、權變管理的原則

菲德勒認為，權變的原則就是變化的原則，即管理方式和手段依據不同的管理條件和管理對象所做的變化。變化是廣泛的，權變的原則也是應該被廣泛遵循的。菲德勒指出，權變管理必須遵循以下幾個基本原則：

1. 相對穩定的原則

事物總是發展變化的，但管理方式和手段卻不能朝令夕改、變化不定，管理者不能因為今天下屬士氣較高而給予他們極大的工作自由性，到了明天下屬士氣低落時而成為下屬的「監工」。過於頻繁、變化不定的管理方法，一方面消耗管

理者的時間和精力，另一方面也不利於企業員工適應管理者的管理方式和風格，使員工無所適從。

2. 考慮重點，兼顧一般的原則

影響管理者選擇管理方法的因素很多，主要包括企業外部環境、企業組織結構、企業員工素養、企業員工個性和管理者自身的個性等。作為管理者，一般會選擇影響因素比較大的那種方法。

3. 試驗性原則

試驗性原則，就是管理者選擇管理方法時，透過實際的管理工作去檢驗管理方式的效果。管理者在試驗管理方式的優劣時，不可忽視的是與下屬之間的溝通。借助於與企業員工的談心交心，管理者可以獲得企業員工對管理工作的建議和意見，以便於管理者判斷管理方式的好壞。當然，管理方式效果的檢驗也應從工作績效等方面來做為評價。

4. 適應性原則

管理環境的變化是決定管理者採用權變原則的一個關鍵因素。環境發生了變化，企業的外部環境和內部組織環境發生了變化，相對的，管理的方式也要發生變化，這是管理工作的適應性原則，即適應於環境的客觀要求。

---

1. 每一個特定的管理者就是一個特定的自我，他有特定的素養和個性，同時他特定的年齡、經歷及其職位構成了他特有的管理者形象。
2. 不存在適用於任何環境的最佳領導風格，某種領導風格只是在一定的環境中才可能獲得最好的效果。
3. 管理者應當學會分析和識別工作環境，然後便可以將部門經理和下層經理分配到適合他風格的環境裡去工作。
4. 管理應該因人而異，不會變通、強求一致的管理方式可能會導致管理上的失敗。

《工業管理與一般管理》亨利・法約爾

General and industrial management　　　　Henri Fayol

亨利・法約爾，二十世紀早期最富有影響力的管理思想家之一，西元一八四一年出生於法國一個小資產者家庭。曾就讀於聖艾蒂恩國立礦業學院，是康芒奇 - 福爾尚布德公司的礦業工程師，後任總經理。

法約爾的主要貢獻是，在進行一般管理理論分析時對管理職能進行了界定，是古典組織管理理論的奠基石。

《工業管理與一般管理》是法約爾的經典作品。在本書中，法約爾認為，管理就是實行計畫、組織、指揮、協調和控制。這意味著，管理既不是一種獨有的特權，也不是企業經理或企業領導人的個人責任。它與別的基本活動一樣，是一種分配於領導人與整個組織成員之間的職能。所謂「領導」，就是尋求從企業擁有的所有資源中獲得盡可能大的利益，引導企業達到它的目標，保證六項基本活動的順利完成。而「管理」只是六種基本活動之一，由領導保證其進行。

一、管理的要素

法約爾認為，管理活動應該分五步完成：即計畫、組織、指揮、協調和控制。

1. 計畫

計畫，指的是企業根據自身的資源、業務的性質以及未來的趨勢訂出企業發展的步驟及具體措施。計畫規定的是企業發展的方向和脈絡，計畫工作表現在許多場合，並有各種不同的方法。行動計畫是它最有效的工具，它指出了所要達到

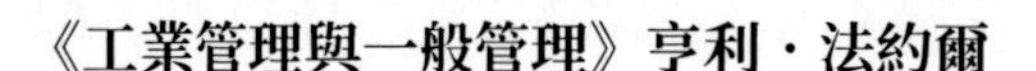

的結果和所遵循的行動路線，包括了在一段時間內企業發展的預測與準備。

(1) 制訂行動計畫的依據

制訂行動計畫是每個企業最重要、最艱難的工作之一。它涉及所有的部門和所有的職能，特別是管理職能。通常，制訂行動計畫的依據包括：①企業的資源(包括資本、人員、生產能力、商業銷路、大眾關係等)；②所經營業務的性質及重要性；③未來的發展趨勢。因此，為了制訂一個好的行動計畫，企業的領導人及其助手除了必須具備各種技術的、商業的、財務的及其他方面的能力之外，最重要的是要有可靠的管理能力。

(2) 好的行動計畫具有的特徵

法約爾認為，一個好計畫應具有以下特點：①統一性。在大企業中，除了總的計畫外，還有技術計畫、商業計畫、財務計畫等等。所有這些計畫都應相互聯繫、結合在一起，成為一個統一的整體。②持續性。計畫的指導作用是持續不斷的。為了使其指導作用不中斷，應該使第二個計畫不間隔的接上第一個，第三個接上第二個，如此延續下去。③靈活性。計畫應能順應人們的認識而做適當的調整。這些調整由於環境的壓力或其他某種原因而成為必要。④準確性。在那些影響企業命運的未知因素所能允許的範圍內，計畫應力求其最大的精確性。要制訂具有以上特點的計畫，就要對每天、每週、每月、每年、五年、甚至十年的情況進行預測，並且對時間的推移或情況的變化而不斷的對計畫進行調整或修改。

2. 組織

好的計畫需要有好的組織。組織一個企業就是為企業的經營提供所有必要的原料、設備、資本、人員。一般來說，可以分為兩大部分：物質組織和社會組織。

在配備了必要的物質資源以後，人員或社會組織就應該能夠完成它的五項基本職能，即進行企業所有的經營活動。

(1) 社會組織應完成的管理任務

法約爾認為，社會組織應完成以下的管理任務：①制訂深思熟慮的行動計畫，並貫徹執行。②使社會組織和物質組織與企業的目標、資源和需要相適合。③建立一元化的、有能力的堅強領導。④協調力量，配合行動，做出清楚、明確、準確的決策。⑤有效的配備和安排人員，明確的規定職責。⑥鼓勵首創精神與責任感。⑦對所做的工作給予公平且合適的報酬，對過失與錯誤施加懲罰，以維持紀律。⑧使個人利益服從團隊利益，特別注意指揮的統一。⑨注意物品秩序與社會秩序。⑩進行全面控制，與規章過多、官僚主義、形式主義、文牘主義等弊端作鬥爭。

(2) 社會組織的機構與成員

機構是指實現五個基本職能的機構。法約爾認為，常見股份有限公司的社會組織中，包括以下一些管理機構:①股東大會。它們的作用是很局限的，主要是:任命董事會成員與審計專員，審議董事會的建議。②董事會。它擁有的法定權力範圍很大，這些權力是屬於團隊的。董事會通常總是把很大部分的權力授予由它任命的總管理處，董事會應該能夠判斷總管理處提出的建議，並對工作實行全面監督。③總管理處。它負責盡可能的利用企業所擁有的人力物力來達到企業預訂目標。它是一個執行權力機構。總管理處擬訂行動計畫，選用工作人員，下達行動命令，保證和監督各項工作的執行。總管理處需要一個參謀部。參謀部是由一組有精力、有知識、有時間的人組成的，而這些可能正是總經理所缺少的。參謀部是領導的依靠，是一股加強力量，是領導力量的一種擴大。參謀部的成員不分等級，他們只接受總經理的命令。參謀部是用來幫助領導完成他的個人使命的。④地區和地方的領導。法約爾認為，一個具有總管理處的廠礦集團可以有它的地區或地方機構，如工廠、礦山等實業公司。這些實業公司可分為小型、中型、大型等。在中、小型公司中，經理一般與該公司的各部門的領導取得聯繫。在大工廠中，經理與技術部門領導人間的聯絡人聯繫，常常由一個總工程師來承擔。

3. 指揮

指揮，就是使其人員發揮作用。社會組織建立起來以後，如何使這些組織發揮出作用，這就是指揮的任務。對每個領導人來講，指揮的目的是根據企業的利益，使下屬員工都做出最好的貢獻。擔任指揮工作的領導者應主要做到以下幾點：

(1) 深入了解自己的員工

不管領導處於哪個級別，都只能直接指揮極少的部下，而且領導必須做到了解他的直接部下，了解到對每個人可寄予什麼期望和信任。這種了解是需要一段時間的。部下的職位越高，他們的職能將把他們分離得越遠，這種了解就越難。如果高級人員職務不穩定，就更難了解下級，對於非直接下屬來講，領導只能透過中間環節來了解和做工作。

(2) 淘汰沒有工作能力的人

領導者應該使每位成員認識到淘汰工作不僅是必要的，而且也是正確的。

領導者是整體利益的裁決者與負責者，只有整體利益迫使他及時的執行這項措施。職責已確定，領導者應該靈活的、勇敢的完成這項任務，儘管這是不容易完成的。為了使這種淘汰工作能順利進行，領導者應以親切的態度來處理這件事，對被淘汰者在物質上和榮譽上的損失應予以補救，並使社會組織的所有成員對自己的前途感到放心。

(3) 深入了解企業與員工之間的協定

在各項工作中，領導者達到雙重作用：一是在員工面前，他達到維持企業利益的作用；二是在廠主面前，他達到維護員工利益的作用。為了很好的完成這種雙重任務，領導者需要具備正直、機敏的品格和強烈的責任感和堅強的毅力。

(4) 對組織進行定期檢查

法約爾認為，對管理機構進行定期檢查是非常重要的，但這樣做的人卻很少，其原因主要是：①沒有把應採用的典型檢查方式很好的確定下來。②因為與人打交道需要花費很多的時間、方法和精力。③領導的不穩定性。法約爾認為，在檢查中可以使用一覽表。一覽表表示企業管理人員的等級鏈，並注明每個人的直接領導和下級。這種一個表格是在一個確定時間，對企業組織結構的一種逼真的描繪。兩種不同日期的一覽表表明，在這兩段時間裡組織構成方面所發生的變化。

(5) 領導要做出榜樣

每位領導者都有權讓別人服從自己，但如果各種服從只是出自怕受懲罰，那麼企業工作可能不會做好。領導者做出榜樣，是使員工服從於領導者最有效的方法之一。

(6) 不要在細節上耗費精力

好多企業領導者常有的嚴重缺點，就是在工作細節上耗費大量精力和時間。作為領導者，應該把所有不一定非要他自己去做的工作交給部下或參謀部去做。領導者往往處理那些引起他個人注意的問題，但是他的時間和精力總是不夠用。作為一個領導者應該事事都了解，但他又不能對什麼事都去研究，都去解決。領導者不應因關心小事情而忽視了重大的事情。工作組織得好，就能使領導者做到這一點。

(7) 善於利用會議與報告

法約爾認為，領導者要善於利用會議與報告。在會議上，領導者可先提出一個計畫，然後收集每個人的看法，做出自己的決定，最後再證實一下自己的命令是否被大家理解了，而且每個人都明白自己應做的那部分工作。這樣做要比領導不開會而要達到同樣效果少用很多時間。領導應了解企業的一切。在小公司，領導者應親自直接去了解，而在大公司則應間接的去了解。書面彙報和口頭彙報是監督與控制工作的補充，領導者應會利用這兩種形式。

(8) 保持團結、積極、創新的精神

在部下的條件和能力允許的情況下，領導者可以交給他們盡可能多的工作。這樣領導者可以發揮下屬的首創精神，甚至領導者要不惜以他們犯錯誤為代價。

4. 協調

協調，就是使企業的一切工作都要和諧的配合，以便於企業經營的順利進行，並且有利於企業取得成功。法約爾認為，協調是使各職能社會組織機構和物資設備之間保持一定比例。這種比例適合於每個機構有保證的、經濟的完成自己的任務。財政開支和財政收入保持一定的平衡；工廠和成套工具的規模與生產需要成一定的比例，材料和消費成一定的比例，銷售與生產成一定的比例，協調就是在工作中做到先主要後次要。總而言之，協調就是讓事情和行動都有合適的比例。如果一個企業的工作非常協調，那麼就會出現以下好的效果：

(1) 每個部門的工作都應與其他部門步調一致。

供應部門了解本部門在什麼時候應該提供什麼；生產部門知道它的目標是什麼；維修部門保持設備和整套工具處於良好狀態；財務部門提供必要的資金；安全部門保證財產和人員的安全。

(2) 在各部門內部間，各個分部及所屬公司間，都能了解在完成共同任務方面承擔哪些工作，而且相互之間應了解需要提供哪些協助。

(3) 各部門及所屬各分部的計畫安排經常的隨著情況變動而調整。

法約爾認為，為了達到這種協調的最好方法是部門領導每週的例會，這種例會的目的是根據企業工作進展情況講明發展方向，明確各部門之間應有的協作，利用領導們出席會議的機會來解決共同關心的各種問題。例會一般不涉及到制訂企業的行動計畫，會議要有利於領導們根據事態發展情況來完成這個計畫，每次會議只涉及到一個短期內的活動，一般是一週時間，在這一週內，要保證各部門之間行動協調一致。

5. 控制

法約爾認為，在一個企業裡，控制就是要證實一下是否各項工作都與已定計畫相符合，是否與下達的指標及已定規則相符合。控制的目的在於指出工作中的缺點和錯誤，以便加以改正並避免重犯。控制的對象可以是物、人、行動等等。

控制的作用有：

(1) 從管理角度看

從管理角度來看，控制可以確保：①企業有計畫並且執行計畫，而且還要及時加以修訂；②企業社會組織完整，指揮工作符合原則和協調會議如期舉行等等。

(2) 從商業角度看

從商業角度來看，控制可以確保：①物資進出確實按照品質、數量和價格來進行檢查；②認真做好倉庫記錄工作和嚴格遵守合約等。

(3) 從技術角度看

從技術角度來看，控制可以記錄：①工作進展情況；②工作取得的成績；③工作中的不平衡現象；④設備維修狀況；⑤人員和機器的工作情況。

(4) 從財務會計角度看

從財會角度來看，控制可以確保：①對帳冊和現金、收入與需求和基金使用情況；②報表的及時上交；③能清楚反映企業的情況。

為了達到有效控制，控制應在有限的時間內及時進行，並且應該伴隨相對的獎懲。在某些情況下，當控制工作顯得太多、太複雜、涉及面太大，不宜於企業領導者和他的助手們或各部門的一般人員來承擔時，就應該由一些專職人員來做。

對各方面的工作都可以進行控制，而控制能否發揮有效作用則取決於領導。

執行控制，能給領導提供必要的情報，而這些情報有時是各級管理部門提供不了的。好的控制，對管理工作就能達到難能可貴的協助作用。良好的控制系統，還能事先預防可能導致傷亡事故等令人不悅的意外事件。

二、管理者應具備的基本能力

1. 必要的管理知識

法約爾認為，管理的知識是可以透過教育來獲得的。他的理論根據是：

(1) 管理是一種單獨的適用於所有類型事業的活動。

(2) 隨著在管理層地位的不斷上升，管理能力是極為重要的。

(3) 管理是能夠傳授的。因此他認為，在高等院校，應該設置管理方面的課程。

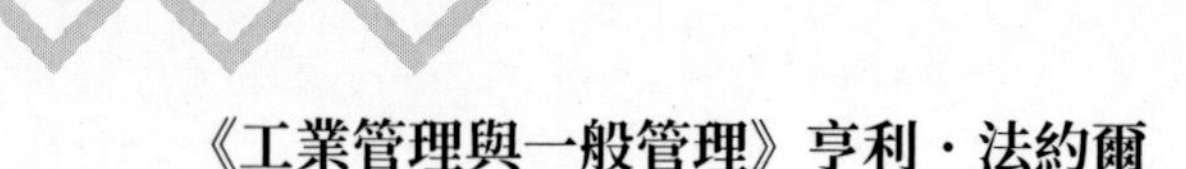

2. 管理者應具備的主要特徵

法約爾認為，管理人員應該具有以下特別的能力和品質：

(1) 身體條件：管理人員應該健康、精力充沛、談吐清楚。

(2) 智力條件：管理人員應該具有理解、學習、判斷能力，還要精神飽滿和有適應能力。

(3) 精神條件：管理人員應該有幹勁，堅定不移，願意承擔責任，主動、忠誠、剛毅，有尊嚴。

(4) 全面教育：管理人員應該熟悉不完全屬於自己所執行的任何職能的問題。

(5) 特別知識：管理人員應該掌握任何職能所特有的知識技術的職能，如商業的職能、財政的職能、管理的職能等。

(6) 經驗：管理人員應該從本員工作中獲得知識，這就是把個人從工作中吸取的教訓加以整理。

3. 管理人員須具備的條件和才能

法約爾認為，管理人員需要懂得的不僅是管理原則和如何計畫、組織、指揮、協調和控制，而且他還必須對他管理的企業活動（技術的、商業的等）也有所了解，這樣才能獲得全面的管理知識和管理技能。管理人員必須具有如下的條件和才能：

(1) 對人進行管理的藝術：一個大型企業裡，大多數的部門領導都參與行動計畫的制訂。為了得到各部門領導的忠實和積極的合作，應該有一個對他們進行有效管理的人，他不怕辛勞，不怕承擔責任，且能從下級的熱忱和上級的信任中來肯定自己。

(2) 積極性：年度計畫、十年計畫和專項計畫，都要求領導人員不斷的予以注意。

(3) 勇氣：即使最精心制訂的計畫也難免由於意外事件而不能準確的實現，由此產生了某種謹慎的必要。怯懦者會因此而企盼取消計畫或使其變得無關緊要

(從而讓自己免於受批評)。但有勇氣的領導者總是會在謹慎態度和尋求最好的結果中尋求一致，並做好各種必要的準備工作。

(4) 領導人員的穩定：與人員的穩定一樣，新的領導人也要經過相當長一段時間才能對正在進行的經營活動、所屬人員的才能、企業的資源、全面的組織和未來的可能性有足夠的了解，以便有效的制訂行動計畫。沒有領導人員的穩定，就不可能有好的計畫。

(5) 專業能力

(6) 處理事務的一般知識

三、管理的一般原則

社會組織的健康和正常活動取決於某些條件，這些條件組成了各種原則。無論是商業、工業、政治、宗教、戰爭或慈善事業，在每一種事業中都要有管理。要管理，人們就需要依據一些管理原則。沒有原則，人們就處於黑暗和混亂之中；沒有經驗與尺度，即使有最好的原則，人們仍將處於困惑不安之中。法約爾認為，管理的一般原則主要有以下十四種：

1. 勞動分工

勞動分工適用於涉及或多或少的一批人，或要求幾種類型的能力協助工作的情境。勞動分工的目的是用同樣的努力使工作做得更多更好。一方面，勞動分工可以減少目標的數量，降低任務的複雜性；另一方面，每次工作的改變都需要一個重新適應的過程，必然會降低生產效率。透過分工設定專人從事特定的工作，培育和累積專業能力，有助於減少這類效率損失。勞動分工的必然結果是職能專業化和權力的分散。

2. 權力和責任

權力，就是指揮和要求別人服從的力量。作為一個出色的領導人，個人權力是規定權力的必要補充。高尚的精神道德是制止一個領導人濫用權力的最有效保證。責任是權力的孿生物，是權力的必然結果和必要補充。凡是權力行使的地方，就有責任。一個出色的領導人應該具有承擔責任的勇氣，並使他周圍的人也隨之具有這種勇氣和美德。

在行使權力的過程中應用獎懲，是良好管理的基本條件。操作程序是先規定責任範圍，再制訂獎懲標準。對獎懲作出判斷，必須考慮到行為本身、周圍情況及可能的影響。執行這種判斷，要求有高度的精神道德、大公無私和堅定性。

如果不具備這些條件，責任感就有可能將從企業中悄然流失。而在一般情況下，這些條件又是不易實現的，特別是在大型企業中。

3. 紀律

紀律，實質上就是企業與其下屬員工之間的協定相一致的服從、勤勉、積極及尊敬的表示。為使企業順利發展和興旺繁榮，紀律是絕對必要的。無論哪個社會組織，其紀律狀況都主要取決於其領導人的管理風格和道德狀況。如果組織中出現缺乏紀律或領導人與下屬員工關係有待改進的情況，絕大多數都是由於領導人的無能而造成的。

領導人可以根據具體情況，以指責、警告、罰款、停職、降級乃至開除等懲罰形式，阻止或減少無紀律行為的發生。高層管理者和下屬員工一樣，必須接受紀律的約束。制訂和維持紀律的最有效方法是：

(1) 各級相對好的管理者。

(2) 盡可能明確而又公平（使雙方都滿意）的協定。

(3) 合理執行懲罰。

4. 統一指揮

在任何工作中，一個下屬員工只應該受一個管理者的命令。法約爾認為，這是一項普遍的、永久必要的準則。在他看來，實際上雙重指揮比比皆是，對組織達到破壞作用。造成這種現象的原因很多：

(1) 一個領導人為了爭取時間或立即阻止某種錯誤行為，沒有經過另一領導人，就直接向其下屬下達命令。

(2) 兩個處於同等地位的領導人沒有明確的劃分職權。

(3) 兩個部門的職責界限不清，都向各自認為屬於自己管轄的下屬下達命令。

(4) 各部門之間職能重疊。

如果違背了這個原則，就會造成雙重指揮，權威和紀律就會受到危害，秩序和穩定就會受到破壞。長期下去，整個企業就會日益走向衰敗。

5. 統一領導

對於力求達到同一目的的全部活動，只能有一個領導者和一項計畫。統一指揮，是指一個下屬只能聽從一個領導者的命令，因此不要把統一領導與統一指揮相混淆。人們透過建立完善的組織來實現一個社會團隊的統一領導，而統一指揮取決於人員如何發揮作用。統一指揮不能沒有統一領導而存在，但有了統一領導並不能必然保證會有統一指揮。統一領導是統一行動、協調力量和一致努力的必要條件。這就像一個人一樣，如果長兩個腦袋，就是個怪物，就難以生存。

6. 個人利益服從整體利益

法約爾指出，在企業中，員工個人或員工群體的利益不應高於企業利益之上，團隊利益應先於其成員的利益，國家利益應高於公民個人或公民群體的利益。

在一個企業裡，一個人或一些人的利益不能置於企業利益之上，然而無知、貪婪、自私、懶惰、懦弱以及人類的一切衝動，總是使人為了個人利益而忘掉整體利益。做到個人利益服從整體利益的成功辦法是：①領導人的堅定性和好的表率作用。②盡可能簽訂公平的協定。③認真的監督。

7. 員工報酬

員工報酬，就是員工為企業提供服務的價格，應該合理，並盡量使企業與相關利益者（雇主和員工）都滿意。

(1) 報酬率的取決條件

法約爾認為，報酬率的取決條件主要有以下幾個方面：①取決於一系列既不受雇主意願也不受員工才能影響的社會經濟因素，包括社會生活品質、勞動力市場供給狀況、行業特點與企業的市場地位等等。②取決於員工的才能。③與採用的報酬方式相關。

(2) 理想報酬方式的特徵

理想的報酬方式具有以下三個特徵：①保證報酬公平。②能獎勵有益的努力和激發員工熱情。③不會導致超過合理限度過多的報酬。

(3) 工人可選報酬的方式

在企業中，對工人、中層管理者和高層管理者的報酬方式是不同的。一般來說，工人的可選報酬方式有以下三種：①勞動日薪資。②工作任務薪資。③計件薪資。

這三種報酬方式各有利弊，也可以結合使用，並輔以獎金、分紅、實物補助和精神獎勵等激勵形式。具體的薪資方式和薪資率的選擇，以及工人工作熱忱的維繫和生產線秩序的維持，仍取決於管理者的努力。

好的管理者不僅要關心企業的利益，而且還要適度關心所屬員工的健康、精力、教育、道德和穩定性因素。只有企業員工精力充沛，有文化、有責任心且比較穩定，才能更好的為企業服務。企業管理者應該在尊重下屬員工自由的前提下，以適合被關注者的教養和愛好的方式，不斷創造出可以改善下屬員工的作用和命運，以及鼓舞各級員工工作熱忱的報酬機會。這一原則成功的必要條件是，上述行動的本意是一種善意的合作，而不是專橫的保護。

8. 集中

法約爾認為，集中不是按領導人或環境之意可以採納或捨棄的一種本身好或不好的管理方式，集中是一種必然規律的現象。集中還是分散，是一個典型的尺度問題，問題的關鍵在於找到適合企業的最適度。

實行集中的目的是盡可能的使用所有員工的才能。如果領導人的才能、精力、智慧、經驗和理解速度等因素，允許他擴大活動範圍，他就可以大大加強集中，把其助手的職能降低為普通執行人的職能。相反，如果領導者願意一方面保留全面領導的特權，另一方面更多的採用協作者的經驗、意見和建議，那麼，他就可以實行廣泛的權力分散。

總而言之，這是一個需要根據具體情況並結合涉及人員的絕對、相對重要性及各方面利益使其得到最好滿足的「尺度」問題。它在一定範圍內決定了下屬員工主觀能動性的增加還是減少。通常，提高屬下作用重要性的做法就是分散權力，而降低這種作用重要性的做法就是集中。

9. 等級制度

法約爾指出，等級制度，就是從最高權力機構直至低層管理人員的領導系列。按照這種等級制度建立起來的組織形式就是直線式組織形式。這種組織形式要求從最高權力機構發出的命令或向最高權力機構發出的報告都必須經過等級制度的每一級來傳遞。這條情報傳遞路線就是等級路線，又稱權力線。

這條情報傳遞路線對於貫徹統一指揮的原則是非常必要的。但是，在一些大企業裡，特別是政府機構，按照這條路線傳遞情報往往需要很長時間。為了保證工作效率。就應當把等級路線與保持行動迅速結合起來。

10. 秩序

法約爾認為，物品秩序的規則是：每件東西都有一個位置，每件東西都在它的位置上。建立秩序是為了避免損失物資和時間。為了達到這個目的，不但應該讓物品都在它們的位置上，排列整齊，而且應該事先選擇位置，以便盡可能的便利所有的工作程序。如果後一個條件沒有具備，秩序還僅只是表面的。表面秩序只是一種假象，或者只是真正的秩序的不完整的映射。

社會秩序，即每個人都有一個位置，每個人也都在他的位置上。完善的社會秩序要求位置適合人，人也適合於他的位置。這樣的社會秩序必須以勝利完成兩項最艱難的管理工作為前提，即良好的組織與良好的選拔工作。社會秩序要求對企業的社會需要與資源有確切的了解，並保持兩者之間經常的平衡。

11. 公平

法約爾指出，在對待所屬人員時，應該特別注意他們希望公平、希望平等的這些願望。公道就是實現已訂立的協定，但這些協定不能什麼都預測到，要經常的說明它，補充其不足之處。為了鼓勵其所屬人員能全心全意的和無限忠誠的履行他的職責，應該以善意來對待他。公平就是由善意與公道產生的。它主要是從人性的角度和道德的角度考慮的，它要求反對極端差距，盡力維持企業與員工、員工與員工之間的某種相互接受的均衡狀態。

為了給予這些要求以最大的滿足，而同時又不忽視任何原則，不忘掉總體利益，企業領導應經常把自己最大的能力發揮出來，努力使公平感深入到各級人員。公平並不排斥剛毅，也不排斥嚴格。做事公平要求有理智、有經驗，並有善良的性格。在對待下屬員工時，應該特別注意他們希望公平、希望平等的願望，同時又不應忽視任何原則和總體利益的需要。

12. 人員的穩定

法約爾指出，人員穩定主要指的是，人員安排上的秩序要保持和每項工作職位上要有固定的人數與之相應，它最終實現的目的是保持企業生產經營的正常狀態。

人員的穩定對於工作的正常進行、活動效率的提高是非常重要的。一個人要適應新的工作，不僅要求具備相對的能力，而且要給他一定的時間來熟悉這項工作，因為經驗的累積是需要時間的，如果這個熟悉過程尚未結束便被指派從事其他的工作，那麼，其工作效率就會受到影響。法約爾特別強調指出，這個原則對於企業管理人員來說是尤其重要的。

13. 首創精神

法約爾指出，首創精神是企業發展前進的原動力，是市場競爭的必然要求。

想出一個計畫並保證其成功是一個聰明人最大的快樂之一。這也是人類活動最有力的刺激物之一。這種發明與執行的可能性就是人們所謂的首創精神，建議與執行的自主性也都屬於首創精神。應盡可能的鼓勵和發展這種能力。

除了管理者的首創精神外，全體人員的首創精神也是企業成功所必須的。在必要的時候，需要用後者去補充前者，這種全體人員的首創精神對於企業來說是一股巨大的力量，特別是在困難的時刻更是這樣。為盡可能的鼓勵和發展首創精神，管理者應該能夠犧牲自己的虛榮心去滿足下屬員工的「虛榮心」。無論如何，在同等條件下，一個能發揮下屬首創精神的管理者，要比一個不能這樣做的管理者高明得多。

14. 團結精神

法約爾指出，團結就是力量，企業的領導人員應該時刻想想這句話。在一個企業中，全體人員的和諧與團結是這個企業的巨大的力量所在：為了做好團結需注意統一指揮的原則，同時要避免以下兩種危險：

(1) 不要使自己的下屬分裂。

(2) 不要濫用書面聯繫。

法約爾指出，以上十四條原則都是在管理中經常使用的，因而應當用以充實管理學說，並把它作為「管理法規」的重要內容。

---

1. 計畫規定的是企業發展的方向和脈絡，計畫工作表現在許多場合，並有各種不同的方法。
2. 制訂行動計畫是每個企業最重要、最艱難的工作之一。
3. 組織一個企業就是為企業的經營提供所有必要的原料、設備、資本、人員。
4. 參謀部是由一組有精力、有知識、有時間的人組成的，而這些可能正是總經理所缺少的。
5. 每位領導者都有權讓別人服從自己，但如果各種服從只是出自怕受懲罰，那麼企業工作可能不會做好。
6. 管理人員應該具有理解、學習、判斷能力，還要精神飽滿和有適應能力。
7. 好的管理者不僅要關心企業的利益，而且還要適度關心所屬員工的健康、精力、教育、道德和穩定性因素。

《偉大的組織者》歐尼斯特・戴爾

The great organizers *Ernest Dale*

歐尼斯特・戴爾，出生於一九一九年，美國著名管理學家，經驗主義學派的重要代表人物之一。

戴爾曾任歐尼斯特・戴爾協會主席，同時在美國和其他一些國家的公司中任管理顧問，並在一些全國性的和國際性的公司中任董事。

經驗主義學派又被稱為經理主義，以向大企業的經理提供管理企業的成功經驗和科學方法為宗旨。可以劃分這一學派的人很多，其中有管理學家、經濟學家、社會學家、統計學家、心理學家、大企業的董事長、總經理及管理顧問等。經驗主義學派認為，有關企業管理的科學應該從企業管理的實際出發，以大企業的管理經驗為主要研究對象，以便在一定的情況下，將這些經驗傳授給企業管理的實際工作者和研究工作者，並提出了一些具體的建議。

《偉大的組織者》是經驗主義學派以及西方管理學中的一本經典著作，出版後即受到了管理人士的極大歡迎，至今仍有很大影響。

經驗主義學派一般都主張用比較方法對企業管理進行研究，而不應從一般原則出發。歐尼斯特・戴爾是這一主張的主要代表人物。

戴爾認為，迄今為止，還沒有人掌握企業管理上的「通用準則」，至多只能講各種不同組織的「基本類似點」。管理知識的真正源泉就是大公司中「偉大的組織者」的經驗，主要就是這些「偉大的組織者」的非凡個性和傑出才能。

《偉大的組織者》主要講了六個重要問題。

第一，組織理論的基本原理。

對企業管理最好用比較方法進行研究。但是，要使組織的比較研究有用，必須滿足一些要求。其中較重要而又易於忽略的有以下一些：

1. 一個概念的框架。研究者必須選擇在不同情景中要考察的各種變數，而這些變數可以有多種類型。例如：可以從管理職能對組織進行研究。需要完成一些什麼職能，以及為了完成這些職能需要有些什麼權力和責任。也可以按其他類型進行分類，例如按賈斯特．巴納德提出的經理工作的過程分類：①工作的地點；②工作的時間；③工作的人；④工作的對象；⑤工作的方法和程序。

2. 可比較性。不同系統的相似性的描述和分析還必須考慮到它們之間的差異性。因為其差異性可能很大，以致使比較效果毫無意義。除非進行比較的兩件事物有著基本的相似性，否則比較是沒有價值的。一個工會領導人要求公司為懷孕女工增加薪資，因為其他可比較的公司已經這樣做了。勞資雙方互不相讓，談判幾乎破裂，直到有人對本公司的勞動力作分析，在談判中發現，本公司只有五名女工，而且都已六十歲以上。可見，做比較必須仔細的確定差異的各種因素及其對後果的可能影響。

3. 目標。如果沒有目的或目標，我們就無法對比較工作的結果進行評價。這種目標可能是利潤最大化、權力、士氣、組織成員的幸福，或這些的結合。如果組織的目標在於所謂「滿足」組織中的個人，那就應該明確的講出來，其標準不應該是主觀的，而應盡可能的客觀。

4. 恰當性。所作的比較和得出的結論必須是恰當的，即應該是在既定的條件下能夠適用於提出的假設。

一些偉大的組織者提出了他們自己的一些「原則」或指導準則。

這些準則是由於具體問題的挑戰而提出的，可能不適用於其他問題。從他們的工作中可能得出以下一些準則：

(1) 透過責任會計制訂能達到有盈利的控制。這就是把組織結構與有計畫的投資報酬率和可控制的成本結合起來，使個人努力與成果之間建立了高度的相關性（唐納森．布朗在杜邦公司和通用汽車公司）。

(2) 使作業分權化，並在控制上進行協調 —— 把各種不同的活動組織成為獨立的作業團隊，使其衝突盡可能少而又朝向一個共同的目標（如杜邦公司和通用汽車公司）—— 也許可能提供一種利用大企業和小企業二者長處的手段。

(3) 由集團控制代替一人控制。在集團成員見解相同、能力差異不大、地位平等時能取得最好的效果（如杜邦公司和通用汽車公司）。

(4) 由擁有相當大數量的股東組成的「抗辯力」可以作為企業管理當局的制衡力量，他們自由表述意見，從而有助於做出更好的決策（如通用汽車公司）。

(5) 可以用長期而有利的擴張形式為企業制訂一個「終生計畫」（韋爾在國民鋼鐵公司）。

第二，杜邦公司 —— 系統化組織和管理的先驅者。

杜邦公司早期的領導者亨利·杜邦的管理方式是一人控制方式。他在幾乎四十年的時間內，在所有的重大問題和許多較小的問題上獨自做出決策，甚至還處理杜邦家族中的財務、住房等問題。在他去世以後不久，杜邦家族中的三個堂兄弟 —— 艾爾弗雷德·杜邦、科爾曼·杜邦和皮埃爾·杜邦著手進行改革，逐步建立起系統化的組織和管理，以後又經過其他一些人的發展，使得杜邦公司取得了巨大的成就。

杜邦公司取得成功的主要原因是建立了系統化的組織和管理。但是，如果仔細考察一下，就會發現，並不是團隊工作本身使得杜邦公司取得了成功，而是由於有一個由人們按民主方式組成的團隊堅定的為某些理想目標而工作，並與其他人進行資訊聯繫，使得那些與目標的實現有關的人有很大的參與權。固然杜邦公司取得成功「凱撒式」的個人主義管理也是杜邦公司獲得長期成功的基礎，但還有一些更為複雜微妙的條件。

杜邦公司高層委員會委員們的一個共同特徵是高度的外向性 —— 對事件、人物、事物的高度興趣，受外界因素的激勵，以及受外界環境影響的趨向。科爾曼·杜邦是這樣描述的：「他不喜歡任何安全的、熟悉的或早已確定的事物。不尊重習慣，當他追蹤某種新事物時，常常對別人的感覺和信念無動於衷；每一件事物都要為未來而犧牲……，他常常看起來像是一個魯莽的冒險者，但事實上他有著以忠於他的直覺觀點為依據的道德觀。對他來說，如果不『抓住機會』簡直就是怯懦或軟弱……，儘管如此，要他把一件事超越已取得成功之點，幾乎是不可能的。」

在杜邦公司的其他高級經理人員中，「外向思考」型占統治地位。如皮埃爾·杜邦就是其中之一。「他所採取的絕大多數重要行動是以理智或理性而形成的動機為依據的。他以客觀事實或一般正當的觀念來指導自己。這套原則或事實成為絕大多數行動的衡量標準」。

第三，艾爾弗雷德·斯隆和通用汽車公司對組織和經營管理的貢獻。

解決創業天才的繼任者所碰到的問題的最好例子之一，就是通用汽車前總經理、以後又任董事長的艾爾弗雷德·斯隆及其主要助手的工作。

斯隆於一九二〇年提出了一份關於改革通用汽車公司組織機構的建議書，該建議書依據的是以下兩條原則：

1. 每一作業單位的主要經理人員的職責應該不受限制。由主要經理人員領導的每一個這種組織應具有完備的必要職能，使之能充分發揮主動性並得到合理的發展（作業單位的分權化）。

2. 某些中央組織職能對公司活動的合理發展和恰當協調是絕對必要的。

斯隆期望該建議書實現的明確目標有：

(1) 明確規定構成公司活動的各個單位的職能，不僅從各個單位的相互關係來看，而且從它們與中央組織的關係來看（在專業化基礎上明確分工）。

(2) 規定中央組織的地位並協調中央組織的作業與整個公司的關係，以便它能必要而合理的發揮作用。

(3) 把公司的全部經營職能集中於作為公司最高經營者的總經理身上。

(4) 在實際可行的範圍內盡可能限制直接向總經理報告的經理人員的人數，其目的是使得總經理無需過問那些能放心的由較為次要的經理人員去處理的事，而更好的在公司的大政方針方面進行指導。

在組織上劃分為兩大類：重大控制和經營控制。重大控制由兩個委員會執行，即財務委員會和經營委員會。經營控制則由總經理在重大控制規定的範圍內行使。總經理領導各個作業公司，他有一個由一些「助理」和一個撥款委員會組成的個人參謀部。撥款委員會就各個作業性事業部提出的資產改進和採購的可行性進行調查，之間，可以從綜合顧問部那裡獲得技術資料和建議。

組織機構方面的工作要引入新的管理技能。斯隆曾生動的闡述其理由，「經營任何一種企業都存在著兩種方式：『預感』方式和科學方式。我由於氣質和教育的緣故，總是採用後一方式，這使我獲益匪淺，而且也使其他人獲益匪淺」。

作為一種吸引和保持傑出的經理人員的手段，斯隆及其集團提出了一種所謂的「經營管理意識」。它實質上是一種對經營管理過程進行思考的方法。基本的思想是經營管理過程應該分權化，而考核或控制則應該集權化。斯隆的這種意識使得通用汽車公司得以保持最優秀的人員，因為他們有發揮才能的天地。

第四，歐尼斯特・特納・韋爾 —— 反對傳統管理觀念的人。

美國企業界的絕大多數偉大組織者都是大公司創立者的繼承人，而非創立者本人。但是國民鋼鐵公司的創立者歐尼斯特・特納・韋爾卻是個例外，他從一開始就對他的公司做出了完整的規劃，而公司正是按照他的規劃發展的。當他那有形廠房只是一個不像樣的馬口鐵工廠時，他已構想出一個完整的鋼鐵公司 —— 連礦石資源也能自給 —— 並建立了一個組織核心。這個組織核心能隨著公司的成長而發展，無需重重大的改組。

這項組織計畫效果很好。從規模上講，國民鋼鐵公司在美國的鋼公司中占第五位，但從利潤率來講，在很長一段時期的多次測試中，它都居第一。在大蕭條的那段時期，當包括鋼鐵巨人「美國鋼鐵公司」在內的其他所有的鋼鐵公司都有虧損時，國民鋼鐵公司卻有盈利。

它之所以能夠獲得盈利，不僅由於它在銷售方面非常穩定的持續成長，而且由於它在成本方面也嚴格配合銷售而嚴加控制。在它極少數的銷售下降年分，其成本也絕對的相應下降。

韋爾得以取得成功的方法可歸納為以下幾點：

1. 一項終生計畫。韋爾在決定離開美國鋼鐵公司時，明確的樹立了建立美國最大的綜合性鋼鐵公司之一的目標。克拉克斯堡的馬口鐵工廠是為了籌集必要資金的一種權宜措施。他有意識的把位置選在韋爾頓，以便建立一個綜合性公司。
2. 靈活性。韋爾對他的基本目標雖然堅定不移，但在實現目標的途徑上卻常常很靈活。他並不墨守成規，為了有助於實現其目標，他會不斷的調整其政策。如他在大蕭條來到時急劇的改變其定價，而當汽車業處於嚴重不景氣時，就從大量銷售方式轉為僅能糊口的攤販銷售方式。當經濟條件改變時，他迅速的改變薪資政策，為了防止性工會在他的工廠中獲得立足點，他又會大幅度的提高薪資。
3. 在目標上與社會相一致，在實現目標的方式上與社會不一致。韋爾始終秉持他成長起來的那個社會的價值觀。他的主要目標直截了當的就是積聚財富，再加上經營的自由和獨立性。他不同於正統的地方只是他實現目標的方法，沒有傳統的方法可供他採用。
4. 堅決執行計畫。
5. 親自監督和辛勤工作。韋爾喜歡引用愛因斯坦的一句話：「個人避免由於讚頌而腐敗的唯一途徑是去從事工作。一個人往往想停下工作去聽別人的讚頌，唯一的辦法就是不去聽讚頌而繼續去工作。工作，沒有別的方法。」
6. 平等的高層結構。韋爾深切的感到需要有一個小規模的寡頭組織來自由討論所有的事。他付給高層管理結構中的其他人的薪水與自己的薪水一樣多。認為他們對公司做出的貢獻與自己的一樣大。他寧願要一批傑出的高層經理人員，而不要一些聽命於人的小人物。

第五，集權化對分權化——威斯汀豪斯電氣公司在一九三五年至

一九三九年期間的改組。

與其他自己經營的公司的所有者們不同，威斯汀豪斯電氣公司一九三〇年代的總裁羅伯遜面臨著異常困難的形勢：經營管理人員並不擁有本公司的大量股份，因而無法提供特別的激勵；從喬治・威斯汀豪斯開始的集權控制從未放鬆過。在一九三〇年代已有明顯的跡象表明，嚴密的集權化是造成困擾的主要原因，本書所講的其他一些偉大的組織者都要為分權化的作業設計出一些協調和控制的方法，而羅伯遜既要把一個嚴密集權化的集團拆開來，又要保證其協調與控制。

對該公司管理結構的大幅改組從一九三五年開始，一九三六年全力進行，但實際上直到一九三九年才完成。這次改組實質上就是把一個很大的經營公司分解成為一些小公司。

考慮到問題的複雜性以及沒有前人的經驗可循，威斯汀豪斯公司在制訂和執行一項可行的改組計畫方面碰到了非常艱巨的任務。

這一計畫大致分為三個部分。

1. 作業活動的分權化。在分權化過程中，許多不同作業的工廠按照產品的類似性歸併為六個大的產品事業部、四個大的產品公司和一個國際公司，各由一位經營副總經理領導。每一事業部和公司的經理有著更大的責權，可以部分地區就像一個獨立企業那樣經營其公司，只受總部規定的政策和一般控制手段的制約。
2. 總部「職能」參謀部門的建立。改組所產生的第二個重大變革是任命了一批經營管理基本職能部門的首腦。這批總部人員不再是對各個生產單位發號施令的指揮人員，而是一個行使「間接」權力而非「直接」權力的「參謀」集團。這樣就實現了「統一指揮」，而每一經理人員只有一個老闆或上司。
3. 中央控制系統的建立。改組使得相當多的職責和權力從高級管理層轉移到了現場，但同時又使得總部必須擴展參謀職能部門。總裁必須了解委託授權下去的權力是怎樣行使的，以便能對成就迅速的給予報酬，並及時發現和改正失誤。這意味著一些高技術專家必須加入到總部集團去設計和管理控制系統。

威斯汀豪斯公司事實上是美國產業界最早採用所謂「彈性預算」控制系統的企業之一。按照這種控制方案，對所有的可控作業制訂了變動成本標準，隨著產量的變動而變動。這樣，每一作業公司的經理就能對背離標準的任何一項重大變動負責。

第六，經營管理者對誰負責。

在兩百家最大的公司（它們控制著美國製造業全部資產的約一半）中，幾乎有三分之一與公司有利害關係的主管目前已不再擁有其數量足以直接影響企業管理當局的股份。但在其他三分之二的公司中，所有權還沒有完全分散，實際的風險承擔者還有一定程度的控制權。但在許多情況下，一個所有者，特別是同時代表其他所有者的一個所有者，可能憑足夠數量的股份在董事會中擁有一個席位，發揮一些影響。

企業內部的管理者的權力日益增大，而其義務則日益減輕甚至消除。部分所有者正在日益減少，很可能會像恐龍那樣消失去。而且，即使其潛在影響力仍存在，但這些所有者的第二代或第三代會在多大程度上使用這種潛在影響力，也是不確定的，因為美國繼承現象中有一個模式：財產越是龐大，則繼承者越是有興趣或適合於做工商業以外的其他事業。除非是像杜邦家族或梅隆家族那樣為了使其「王朝」延續而做過仔細的考慮，一般情況下，創業者家族不大可能使其影響持續下去。

為此，一些管理學者想出了許多代替辦法，如：透過公司基金投資使公司獲得對其他公司的全部或部分的控制權，政府機構對企業採取更嚴格的管制，甚至指定一些「大眾董事」參加公司的董事會，把證券交易委員會作為一種獨立的審核機構，小股東發揮更大的作用，建立一個全國性的投資者協會來進行監督等等。目前還很難說已經有一種完善的解決辦法。但是，「經營管理者對誰負責」這個問題必須予以解決。看來有待今後繼續探索，以便找到一個讓人滿意的解決方法。

---

1. 把組織結構與有計畫的投資報酬率和可控制的成本結合起來，這就會使努力與成果之間有著高度的相關性。
2. 作為一種吸引和保持傑出的經理人員的手段，斯隆及其集團提出了一種所謂的「經營管理意識」。它實質上是一種對經營管理過程進行思考的方法。基本的思想是經營管理過程應該分權化，而考核或控制則應集權化。
3. 經營管理技能絕大多數產生於斯隆及其同事對事實的觀察，然後透過所謂的「專家建議的結合」而發展出來。通常由一個人為了對付許多壓力而提出中心思想，或者是團隊討論的結果。
4. 發展的趨勢是企業內部的管理者的權力日益增大而其義務則日益減輕或消除。部分所有者正在日益消失，很可能會像恐龍那樣消失掉。
5. 有少數細胞在某時某處聚在一起形成一個有著共同利益、具有某種團隊利己主義的集群。在與其他生物體的關係方面，這個集群仍像一個利己主義者那樣行事；但這個集群中的每一個成員都為其他成員的利益而努力，因為整體的力量取決於其各個組成部分。

簡單讀懂25本管理學經典
彼得・杜拉克╳史賓賽・強森╳諾斯古德・帕金森╳查爾斯・漢迪

編　　譯：徐博年，李偉
發 行 人：黃振庭
出 版 者：崧燁文化事業有限公司
發 行 者：崧燁文化事業有限公司
E-mail：sonbookservice@gmail.com
粉 絲 頁：https://www.facebook.com/sonbookss/
網　　址：https://sonbook.net/
地　　址：台北市中正區重慶南路一段六十一號八樓 815 室
Rm. 815, 8F., No.61, Sec. 1, Chongqing S. Rd., Zhongzheng Dist., Taipei City 100, Taiwan (R.O.C)
電　　話：(02)2370-3310
傳　　真：(02) 2388-1990
印　　刷：京峯彩色印刷有限公司（京峰數位）

定　　價：330 元
發行日期：2021 年 10 月第一版
◎本書以 POD 印製

國家圖書館出版品預行編目資料

簡單讀懂25本管理學經典：彼得.杜拉克X史賓賽.強森X諾斯古德.帕金森X查爾斯.漢迪 / 徐博年, 李偉 編譯. -- 第一版. -- 臺北市：崧燁文化事業有限公司, 2021.10
面；　公分
POD版
ISBN 978-986-516-859-9(平裝)
1. 管理科學
494　　110015279

電子書購買

臉書